# 序

人一日不食則饑。數日不食則憊且死。故食重也。古有神仙辟穀之說。於是啖烏棗。嚙松鬣。以冀充其無窮之欲者遍天下。謏聞之士。擯其說而別爲狂恣。有著食單以講烹法者矣。有日費萬錢。苦無下箸處者矣。前者罔繆。後者亦矜博鬬奢而無當於中道。夫孔孟之門。不著殺生之戒。而曰君子遠庖廚。鄉黨一篇。且舉飲食之微。而曰養心莫善於寡欲。要亦奢無過禮。儉不失中而已。中饋之職。婦女掌之。正不必以滫瀡不具。爲可貸也。然則作鹽梅於傳說。分社肉於陳平。猶屬設喻之辭。而女子烹調之法。則誠不可不講也。李君公耳。輯家庭食譜之編。將以詔今之爲人婦者。余爲述古之絕於此與溺於此者。以折奢儉之中。讀此者亦足以知飲食之宜矣。至食品之種類及其製法。詳於篇。余非易牙。不敢贅云。

民國五年八月谿父時雄飛識於吳淞之水產校次

# 自序

客有問於李子曰。家庭食譜。曷爲而作耶。曰。爲吾國婦女而作也。曰。丁此家事教育倡盛之世。吾國婦女。豈對於家庭食品之法猶不能知之耶。曰否否。君言之何若是其幾而不審情勢之甚也。夫齊家之要。莫先乎中饋。中饋之職。舍婦女其誰屬。今日之婦女。大抵志高者好求深造。志卑者恣長驕奢。對於家務。漠然不講。忽焉不察。而於家庭食品製造之法。尤視之爲無足重輕。鄙而棄之。卽間有能盡力於中饋之職者。亦苦無良書。以爲之考證。徒作望洋之嗟耳。雖然。中饋諸書。先吾而述者。不可謂不多矣。然雜者難悉。晦者難明。非有經驗者。不能實踐。卽偶有之。亦未足解大旱之渴望也。予深病之。故擬此一編。言雖俚俗。切近事實。嫗媪稚女。皆可通曉。庶使海內婦女。一反其從前鄙棄之心。其素欲研究此道者。得之可底於大成。然則家庭食譜一書。誠爲時世所急需而不容忽視者與。

# 編輯大意

一、本書悉係著者之知識。並參照平日之經驗。與翻譯節錄者不同。

一、本書內容。均適合於一般家庭之應用。

一、本書分十大章。每章分數十節。條理清晰。文字淺顯。無繁瑣空論之弊。

一、本書所載。凡家庭所應用之食品。自葷菜素菜以及零星食物之製法。均包羅無遺。

一、本書關於製造之法。固言之綦詳。而於成分一端。更詳爲說明。故得此一編。即足以製造各種食品。

一、本書關於製造時須特別注意者。特備附注以免舛誤。

一、本書非特爲主持家事者所必備。卽師範中學之女學生。亦宜手置一編。以爲烹飪學之參考。

一、本書凡關於家庭食品。雖大概具備。然遺漏舛誤。仍所不免。當俟之再版。重行補訂。以慰閱者。

# 家庭食譜

## 目錄

### 第一章 點心

## 第二章　葷菜

## 第三章　素菜

## 第六章 醬貨

## 第七章　燻貨



## 第八章　糖貨

## 第十章　菓

# 家庭食譜

## 第一章　點心

### 第一節　冰葫蘆

**材料**

豬油一斤。葷油斤半。雞蛋十枚。白麵眞粉各一撮。玉盆一斤半。

**器具**

盤一只。大碗一只。洋盆一只。匙一把。

**製法**

將豬油切成細塊如荳然。以玉盆拌之。然後揑成圓形。等於桂圓。移之盤內。底微鋪乾麵。以盤篩之。則豬油益圓而遍敷以麵矣。

再將雞蛋瀝白。同乾麵眞粉一同打和。葷油先入鍋中煎透。乃以匙取圓豬油入蛋浸之。便卽匙起。放入鍋中。煎甫黃。卽取出另置一盆。如斯輪遞。冰葫蘆成矣。

**注意** 冰葫蘆入鍋煎時。不可過透。亦不可帶生。過透則內部之豬油盡化矣。食之乏味。過生則內部之油未熟也。食之又乏味。能觀其稍黃而取起。則內部之豬油。恰如冰塊之將溶。皎潔可愛。此冰葫蘆之所以爲冰葫蘆歟。

## 第二節　油炸山渣

**材料** 山渣一大方。　雞蛋十枚。　眞粉乾麵各一撮　葷油一斤半。

**器具**

洋盆一只。　海碗一只。　匙一把。

**製法**

將蛋及眞粉乾麵如前調均。葷油入鍋。如前煎透。然後將山渣一方切成小塊。以匙又如前輪遞煎透。卽可以食。鬆香而酸。令人神往。

## 第三節　八寶飯

**材料**

上白糯米一升。　葷油二斤。　玉盆一斤。　欠實　桂圓　貢棗　蜜櫻桃　桂花　蓮芯　各若干。

**器具**

鉢一只。　甑一只。　小飯碗　小盆子　各若干。

**製法**

將上白糯米。先浸一夜。然後撈起。漂洗潔淨。上甑蒸之極透。傾入磁鉢之中。再用葷油拌濕。和以玉盆。拌均。其飯幾等於粥。後再將蓮芯欠實桂圓肉貢棗蜜櫻桃桂花等各香料。平鋪於小飯碗底。乃以此飯碗碗扣好。用小盆覆以蓋之。上甑再蒸。蒸之極透。然後取出。以盆翻轉。其狀如蹄。而葷油爲飯所吸入。皎潔可愛。令人食之。忘其飢飽。

**注意** 此飯有二種製法。一上甑蒸者。一著鑊燒者。上甑蒸者。飯硬而爽。拌油雖多。再蒸後必能吸乾。而粒粒狀如明珠。食之更覺爽胃。著鑊燒者。飯柔而爛。拌油略多。遂成稀粥。如再蒸之。亦不肯乾。令人食之。既不爽胃。且薄爛厭人也。

## 第四節　山藥糕

**材料** 山藥一斤。　豬油一斤。　玉盆一斤。　貢棗　桂花　桂圓肉　各香

料等若干。　狀元糕七八斤。（如無以炒米粉代之）

**器具**

甑一只。　缽一只。　小盆碗各若干。

**製法**

將山藥洗淨。連皮入鑊燒爛。撈起去皮以刀搨之。至無細子爲佳。然後倒入缽中。用狀元糕研末同糖及葷油一並打和。碗底鋪以香料。徐徐扣好。先將豬油切成細塊用糖拌就。捏成葡萄形。每碗中嵌一塊。或用脂油夾砂亦佳。嵌就覆以盆。上甑蒸之極透。取出翻轉。每盆如一蹄。觸開食之。脂油閃爍。香味襲人。其味之美。罕與倫比。

**注意**

山藥不可削皮燒之。恐其色黑。脂油不可嵌穿碗底。恐其漏去。用糕與炒米粉。因其耐水而有漲力。惟炒米粉色黑。又不如狀元糕之爲愈也。

## 第五節　玫瑰單

**材料**　白麵一斤。　葷油三斤。　白糖一斤半。

**器具**　油鍋一只。　趕鎚一個。　刀一把。　盤一只。　紙三張。

**製法**　將白麵四六分開。四分之中。以七分油三分水拌之。輭轉爲佳。六分之中。以三分油七分水拌之。亦須輭轉。拌就均摘小塊。數必相等。然後將大者包其小者。如團然。扁之用鎚趕長。便卽卷轉。勝如竹管。再趕長之。乃如籩箕。用刀切開。成長二條。套在二指卷之。揑平其底。卽如僧帽。入鍋煎之。開花九層。撈起。上拨之糖。便可食矣。

**注意**

趕扁之麵。用刀切開。若套指卷時。以切開者卷在指外。作底而平之。則煎後便不開花。食之不鬆。即不成其爲玫瑰單矣。

## 第六節 油酥餃

**材料**

白麵一升。 葷油二斤。 豬油一斤。 玉盆十兩。 桂花少許。

**器具**

大碗一只。 盤一只。 油鍋一只。 趕鎚一個。

**製法**

將麵四六分開。照前法拌就。再包如團。用趕鎚趕長。以手指卷之。然後將卷柱直。用掌揭扁。揑成圓形。中包以豬油糖淆桂花心。再將邊卷轉如瓦櫓。大等蛋餃。入鍋煎透。即可以食。

## 第七節 肉月餅

**材料** 將白麵和葷油。如油酥餃拌𢶍法。塊塊榻扁。用肉火腿及葱酒醬油等斬爛包之。其形如柿。然後攤入烘盆。以火烘之。兩面將黃。便可以食矣。

## 第八節　太師餅

**材料** 白麵一升。　葷油二斤。　芝蔴四合。　玉盆十兩。　玫瑰醬少許。

**器具** 盤一只。　𢶍鎚一個。　烘盆全付。

**製法** 將白麵葷油。同月餅一樣手續。拌𢶍搨扁。中包以白糖玫瑰心。包就壓扁如銀餅。徧染芝蔴。入盆烘之。至黃色味香乃佳。烘就卽可以食之。香鬆異常。

## 第九節　豬油雞蛋糕

**材料**　雞蛋一斤。玉盆一斤。白麵八兩。豬油十兩。桂花少許。

**器具**　紫銅鍋一只。缽一只。竹帚一把。

**製法**　將雞蛋去殼。入缽內。同糖用竹帚一齊打和。然後再入白麵。再擾之。傾入紫銅鍋中。再以豬油切成細塊。與白糖桂花浯之。浯之浯就亦入鍋中。上甑蒸透。至乾爲佳。食之令人香肥適口。勝於市肆所售之蛋糕萬倍。

## 第十節　米酥

**材料**　白糯米一升。玉盆糖十二兩。葷油半斤。

**器具**　手磨一部。　米酥板一塊。　缽一只。　盤一只。

**製法**　將糯米淘淨吹乾。入鍋內炒之。炒至微黃鬆脆爲度。便卽鏟起。上磨牽粉。愈細愈佳。待牽就後。再以玉盆同葷油拌之。至揑而能成塊者。卽可以入模刻板內刻之。壓結倒出。塊塊如餅。食之肥甜異常。

## 第十一節　春卷

**材料**　春卷皮半斤。　腿花肉一斤。　韭芽四兩。（或茭菜冬筍）醬油二兩。酒二兩。

**器具**　油鍋一只。　肉墩一個。　刀一把。　大盆子一只。

**製法**

將買來之春卷皮。上甑蒸之。微熟取出。可張張撕開。然後將肉平鋪墩上。辨其肉紋。切成薄片。再切細絲。水洗淨之。倒入鍋內。再用葷油炒之。脫生停炒。加以黃酒。用蓋蓋之。恐洩香氣。旋卽開蓋。再加醬油。微和以水。又蓋之。燒至數透。嘗味。稍入白糖。以領鮮味。如肉爛。便可鏟起。或加韭芽等和頭。須與醬油同下。燒就可將肉絲。用皮包好。入油鍋再煎。至兩面皆黃爲佳。食之頗耐尋味。

## 第十二節　茄絲餅

**材料**

茄子一斤。　白乾麵一斤。　菜油四兩。　醬油三兩。　玉盆一兩。

**器具**

缽一只。　油鍋一只。　大盆子一只。　大碗一只。

**製法**　將茄去子及蒂。切條洗淨。用油二兩入鍋炒之。甫透和以醬油及糖燜爛鏟起。盛碗候用。再將乾麵拌水如薄漿。然後匙麵一匙。倒入熱油鍋中。大如月餅。乃以炒熟茄絲攤上。再匙麵一匙敷之。煎黃翻轉。二面皆黃。脆香而肥。

## 第十三節　燒賣

**材料**　白乾麵一升。　腿花肉二斤。（或蟹肉亦可）雞湯一海碗。（清水亦可）醬油黃酒各一兩。　鹽少許。　葱若干。

**器具**　甑一只。　趕鎚一個。　海碗一只。　筷一雙。

**製法**

將肉上墩。斬之半爛。和以醬油酒及葱。再斬爛。盛於海碗候用。乃以白麵同雞湯拌之。不可過爛。搓成長條如笛管。用刀斷之。長約寸許。另鋪乾麵。恐其黏貼。然後將切斷之麵。放在乾麵內柱直。用掌壓扁。大如銀餅。再將趕鎚趕薄。當中錢大一塊。不能過薄。蓋爲燒買之底。恐其穿漏。趕緊將筷挑肉。以坯包之。包就上甑蒸之。便可以食矣。

## 第十四節　蟹肉饅頭

**材料**

蟹肉一碗。（或豬油豬肉均可）白乾麵三升。鹼水少許。白酒脚一茶杯。　鹽糖各少許。　黃酒醬油葱薑各少許。

**器具**

鍋一只。　缽一只。　甑一只。　碗一只。　筷一雙。

**製法**

將白酒脚一小茶杯。清水三大茶杯。傾入鍋中燒之。和以白糖及鹽。燒之微熱。便即盛起。即以白麵拌之。特其性來。（以刀切開麵內發孔便是性來）灑以鹼水。灑就。即將麵搓成長條如棍。用刀切斷。以掌扁之。然後將蟹肉作心包就。即刻上甑。蒸之極透。便可以食矣。

**注意**

饅頭無酵則不發。無鹼則發而不高。然酵有數種做法。從事者不可不注意及之。一以白酒脚做成。前已言之矣。一以水麵拌置於熱處。（灶門等處）候其發酵。將隔夜所餘之麵。明日以之作酵。亦無不可。

## 第十五節　烘饅頭

**材料**

饅頭若干。

**器具**

炭爐一只。　鐵絲架一個。　鐵筷一雙。

**製法**

將鐵絲架放於炭爐之上。然後卽將饅頭平鋪於鐵絲架上烘之。迨至四面將枯未枯之時。黃香襲人。便可以食。食之鬆脆異常而心包蟹肉者尤佳。

## 第十六節　刺毛糰

**材料**

腿花肉一斤。　白糯米一升。　醬油黃酒葱薑鹽各少許。

**器具**

小飯籮一只。　小缽一只。　甑一只。　刀一把。　斬肉墩一個。

**製法**

將肉上肉墩用刀斬爛。和以醬油及酒葱薑等。做成肉圓。然後將隔夜所浸之糯米。撈起瀝乾。用籮洗淨。攤於籩中。乃以肉圓在糯米中滾之。肉圓黏糯米。有如刺毛。上甑蒸熟。即可以食。請嘗試之。其味無窮。

## 第十七節　水餃子

**材料** 白乾麵一升。　腿花肉斤半。　醬油酒葱薑鹽各少許。

**器具** 湯鍋一只。　四兩鉢一只。　麵杖一根。　湯碗一只。

**製法** 將肉如前斬就。盛碗候用。再將麵拌水。用杖打成薄皮。然後以四兩鉢底。刻成圓塊。中包以肉。摺轉便就。勝如蛋餃。入鍋燒透。便可食矣。但中須搭空。邊須捏薄。否則食之乏味。

## 第十八節　湯糰

**材料**

上白糯米二升。　腿花肉一斤。　醬油葱薑黃酒等各若干。　乾糯米粉三合。

**器具**

湯鍋一只。　匙一把。　碗若干。　小磨一具。

**製法**

將乾糯米粉拌水蒸熟。後將糯米先浸一宵。撈起瀝乾。洗淨吹乾後。上磨牽之。用細極之粉。同蒸熟之粉。同拌均和。再將肉同前手段斬爛。盛於碗內。微和以水。然後以粉一塊。揑成空糰形。將肉用匙匙入。再揑圓之。使不漏爲佳。入鍋中燒之。浮起便熟。卽能食之。

## 第十九節　煎糰

**材料**

白糯米五升。　白乾粉八合。　腿花肉二斤。　菜油半斤。　醬油葱薑鹽酒各少許。

**器具**

煎盤一只。　缽一只。　磨一具。　碗一只。　筷一雙。

**製法**

將乾粉拌水蒸熟。同浸之米洗淨如前牽細拌和。再以肉斬爛（亦如前法）取粉塊塊搓圓壓扁。中包以肉。摺轉搭牢。其形如餃。然後再入油鍋中煎之。至兩面皆黃。乃可以食。

## 第二十節　火肉菜心糰

**材料**

糯米粉二升。　火肉六兩。　葷油六兩。　大菜心二斤。　黃酒醬油各二兩。　鹽少許。

**器具**　湯鍋一只。　肉墩一個。　斬肉刀一把。　大湯碗一只。　小湯碗若干。鉢一只。

**製法**　將菜心切細。同葷油入鍋炒透。和以酒醬油。再將火肉切成細屑。拌和菜內。然後將粉用水拌濕。搐成塊塊。揑成空糰。其糰殼愈薄愈佳。乃將火肉菜心一同包就。入鍋燒透。食之肥香罕比。

## 第二十一節　揩酥心糰

**材料**　糯米粉二升。　猪油十二兩。　玉盆糖四兩。

**器具**　湯鍋一只。　鉢一只。　大湯碗一只。　小湯碗若干。

**製法** 將猪油去筋皮。先切成小塊。同白糖揑和。并和以粉一合。再揑之。搓成長條。摘成塊塊。以作糰心。然後將粉同前拌濕。摘塊揑空。乃以猪油包入揑好。入鍋燒透食之。肥甜異常。

## 第二十二節　蘿蔔心糰

**材料** 糯米粉二升。　蘿蔔二斤。　葷油六兩。　醬油兩半。　鹽少許。

**器具** 湯鍋一只。　半斤缽一只。　蘿蔔鏍一個。　大碗一只。　小湯碗若干。

**製法** 將白蘿蔔洗淨。先刮成綫。榨去辣水。傾入葷油鍋內。加以葱切細。一同和入。炒之極透。再加醬油。鹹淡須稱。便可鏟起。盛碗候用。再將糯米粉拌就摘塊。揑空包心。入鍋燒透。卽可以食矣。

**注意**

蘿蔔不炒而作糰心者甚多。但食之究多辣氣。且不肥。故不如炒之爲愈也。抑又有法焉。將蘿蔔刮就入沸水內撈之。揑乾其水。和以葷油。以作糰心。亦可免辣。從事者。任便取之可也。

## 第二十三節　青糰

**材料**

糯米粉四升。　靑水一海碗。　猪油十兩。　玉盆六兩（或用荳沙亦可）

**器具**

甑一只。　海碗一只。　缽一只。　筷一雙。　刀一把。

**製法**

將大麥草。洗淨後用石臼舂爛。榨其靑水。以粉拌濕。摘塊揑空。然後將糖洧猪油包心。包就揑好。上甑蒸熟。淸香所及。無不神往。

## 第二十四節　南瓜糰

**材料**

南瓜一個。　糯米粉五升。　豬油十二兩。　大糖十四兩。（或芝蔴亦可）

**器具**

甑一只。　鍋一只。　刮鏍一個。　刀一把。　缽一只。　碗若干。

**製法**

將南瓜刮去皮。幷去其子。切成小塊。和水二碗。入鍋燜之極爛。去渣留水。以水拌粉。同前摘塊揑空包心。與前同一做法。做就隨卽上甑蒸透。食之其味無窮。

## 第二十五節　年糕

**材料**
糯米粉五斗。　粳米粉二八相。　赤沙糖二十斤。　桂花半斤。　胭脂少許。（或白糖亦可）

**器具**
大竹籩一只。　大甑一只。　條臺一只。　扁担一條。　白布一塊。　鏇一只。　花印章一個。

**製法**
將糖先融化成水。同粉拌和。以揑得成團爲佳。拌就上甑蒸熟。取出用白夏布包成長方。二人再以扁担壓之。在條臺上壓緊。用蔴線結斷。適成方正。平鋪於洗淨之檯上。加以桂花。並將花印蘸胭脂蓋之。以圖美觀。

## 第二十六節　糕乾

**材料**　桂花年糕十方。　香菜油三斤。

**器具**　油鍋一只。　快刀一把。　大竹籩一只。　點錫鉢一個。

**製法**　將食餘之年糕。切成薄片。盛籩晒乾。晒就先將菜油倒入鍋中煎透。然後再將年糕片倒下。煎至黄色。便卽撈起。便可以食。其味鬆脆。莫之與京。

## 第二十七節　蜜糕

**材料**　白糯米粉一斗。　豬油二斤半。　玉盆糖四斤。　杏仁二兩。　交子肉兩半。　桃球四兩。　玫瑰醬半斤。　松子肉二兩。

**器具**

大籩一只。　甑一只。　鑊一只。　缽一只。　方盤一只。

**製法**

將蜜糖溶化成水。以糯米粉拌濕。如年糕手續。拌就上甑蒸熟。取出用手搦之。和以切細之豬油。及各種香料杏仁松子肉交子肉等。搦緊稱平於方盤之內。候冷切片食之。味美不可言。

## 第二十八節　定升糕

**材料**

糯米粉一斗。（須同粳粉四六相。）白糖三斤。（赤砂糖亦可。）豬油一斤半。　松子肉三兩。

**器具**

定升匣一只。蒸錦一把。鍋一只。大籩一只。小籩一只。

**製法**

將粉同年糕做法拌就。倒入定升匣內。上蒸錦蒸之。中和白糖洧就猪油數塊。待透倒出。面上再嵌松子肉數粒。另置一籩。如斯輪遞。便弗有誤。

## 第二十九節　垺飯糕

**材料**

糯米三升。菜油四兩。葱少許。鹽少許。

**器具**

甑一只。煎盤一只。小缸一只。小飯籮一只。

**製法**

將糯米先浸一夜。清晨撈起瀝乾。以籮在清水內洗淨。上甑蒸熱。取出．

壓緊。候冷切成片片。然後再入油盤中煎之。和以葱鹽。四邊透黃。便可食矣。

## 第三十節　火肉糉

**材料**　上白糯米二升。　火肉四兩。　鮮腿花肉半斤。　絲草若干。　闊大糉葉六十四張。　醬油黃酒各四兩。

**器具**　鍋一只。　罏一只。　碗一只。

**製法**　將鮮肉勻切二十四塊。用醬油黃酒淆好候用。再將糯米用飯籮淘淨。糉葉隔夜必須漂淨。然後再將糉葉做成殼子。或三角形。或小脚形。稱人之便。中實以米。並和肉三塊。一鹹二鮮。做就卽用絲草扎結。入鑊燒之。待水燒乾。再加水燒數透。便可以熟。

## 第三十一節　水晶麪衣

**材料** 乾麪半升。　豬油四兩。　菜油一兩。　白糖四兩。（如不喜食甜者用鹽亦可須加以葱或韭菜爲妙）

**器具** 油鍋一只。　碗一只。　鐵鏟刀一把。

**製法** 將豬油切成小塊。同麪糖微和以水。拌之如薄漿。待拌就倒入油鍋攤之。愈薄愈佳。一面煎黃。翻轉再煎。二面俱黃。即可食矣。

## 第三十二節　扁荳酥

**材料**

扁荳一升。薄荷水六兩。赤沙糖六兩。桂花少許。

**器具**

盤一只。鉢一只。小磨一具。蔴袋一只。

**製法**

將扁荳先浸一夜。撈起淘淨。上磨牽之。再用蔴袋瀝去其殼。其餘留在鉢內。使之沉澱。撤去面上之水。即將沉澱和以糖及桂花薄荷水等。然後倒入方盤。待其凝結。劃塊食之。清涼無比。夏季最宜。

## 第三十三節　鴨粥

**材料**

大鴨一只。白米二升。黃酒四兩。鹽二兩。葱薑少許。

**器具**

鍋一只。罏一只。大盆一只。剪刀刀各一把。碗若干。

**製法**

將鴨殺就。去毛開肚洗淨。用刀切成兩塊。入鍋下白湯燒之。少下以葱。燒至微爛。再加鹽。不可過鹹。必須文火燜之。燒爛將鴨撈起。另置一盆候用。然後將燒鴨之水。倒入鑊中。同淘清之白米燒之。燒之再燜。燜之再燒。使無僵米。遂成膩粥。食時每碗放鴨一塊。味香美且鮮肥異常。

## 第三十四節 糖粥

**材料**

白糯米一升。 白香粳三合。 玉盆一斤。 桂花少許。

**器具**

鍋一只。 罐一只。 小湯碗若干。

**製法**

將白米及香粳。入罐一同洗之極淨。然後入鍋燒之。和以水。燜之數透。

其米即爛。遂成膩粥。食者再加桂花白糖等。則甜香異常。其味頗佳。

## 第三十五節　杜打餛飩

**材料**

白麵二升。　小粉少許。（或乳粉亦可）腿花肉一斤。　葷油四兩。

黃酒醬油葱薑鹽各少許。

**器具**

鍋一只。　麵杖一根。　筷一雙。　肉墩一個。　碗匙各若干。　切麵刀一把。　大湯碗一只。

**製法**

將肉上墩斬爛。和以醬油黃酒及葱薑等。用大湯碗盛好候用。再將麵拌水。以麵杖打之使薄。打一層酒一層乳粉。以防黏貼。打薄切成長條。約二寸餘闊。切就。再切成方形。然後平堆掌中。用尖筷夾肉少許。即放其上。將手揑籠。便成餛飩。但揑時不可實結。必須搭空手心爲妙。庶食之有味。隻隻做就。入清湯沸水内燒之。另以一碗。備好醬油葷油等。待餛飩甫透。先將鑊内沸水盛入碗中。再撈餛飩於碗内。如喜食辣者。加胡椒末尤佳。

## 第三十六節　湯麵餃

**材料**

乾麵一升。　腿花肉一斤。　醬油二兩。　鹽酒葱薑等各少許。

**器具**

甑一只。　趕鎚一個。　海碗一只。　大盆子一只。　筷一雙。

**製法**

將肉同前法斬好。以水拌麵均勻。搓條切塊。以鎚趕扁之。形圓如月。再將筷夾肉包入。其坯摺轉。揑薄其邊。邊既揑薄。將邊向上。然後上甑蒸熟。卽可食矣。其味鮮美。

## 第三十七節　有心湯糰

**材料** 糯米粉一升。　玉盆四兩。　玫瑰醬桂花等各少許。

**器具** 鍋一只。　籩一只。　油布一塊。　碗若干。

**製法** 將糖入鍋化好。和以桂花。倒油布上。冷成薄塊。切細如米。粒粒放於籩內。下粉篩之。微加以水。再加粉篩之。再微加以水。如是數次。而湯糰卽成矣。入時在沸水內燒透。盛碗再加糖。便可以食矣。

## 第三十八節　炒麪

**材料**

打好生麵一斤。炒好細肉絲一碗。火腿屑二兩。葷油四兩。醬油二兩。鎮江錯二兩。冬筍韭芽等少許。

**器具**

鍋一只。大盆一只。鏟刀一把。

**製法**

將麵入沸水內燒之。少頃隨卽撈起。攤開吹乾。然後將葷油入鍋煎透。再將麵倒入炒之。不可停手。炒至良久。和以醬油等。再炒透。盛於大盆。上蓋以火腿數薄片。如有蝦仁火肉屑冬筍屑等更佳。如喜食酸者。再加錯蘸之亦妙。

## 第二章　葷菜

### 第一節　黃燜雞

**材料**

童子雞一只。　鹽一兩半。　醬油一兩。　陳酒二兩。

**器具**

砂鍋一只。　爐一只。　海碗一只。　小盆子一只。

**製法**

將雞殺就。漂洗潔淨。和水入鍋。先燒一透。下以陳酒再燒數透。下鹽燜之。燜爛取出。切成長寸半寬三分之狹條。平裝於盆。其湯他用。食時再加以醬油蘸之。

## 第二節　紅炒雞

**材料**

小嫩雞一只。　菜油一兩。　醬油二兩。　白糖半兩。　酒一兩。　栗子半斤。　香料少許。

**器具**

鍋一只。 爐一只。 海碗一只。

**製法**

將雞殺就。切成小方塊。漂洗潔淨。再以油鍋燒熱。然後將雞倒下。以鏟刀翻覆炒之。待其脫生。即下以酒。同時下以清水一碗。及醬油二兩。如下栗子。亦可同下。蓋蓋煮之。俟其水乾雞熟。再下白糖。便可鏟起。

## 第三節 炒雞絲

**材料**

壯雞一只。 葷油二兩。 醬油半兩。 陳酒一兩。

**器具**

鍋一只。 爐一只。 大盆一只。 刀一把。

**製法**

將雞殺就。專取胸膛。清水漂淨。以刀細細橫切爲絲。然後再將油鍋燒熱。雞絲倒下。急以鏟刀連連攪炒。分撥其絲。俾各離開。勿使黏成一塊。
脫生卽將醬油陳酒一齊倒下。微和以水。再炒數下卽熟。

## 第四節 煨雞拌洋菜

**材料**

童雌雞一只。 洋菜四兩。 醬油四兩。 酒二兩。 食鹽二兩。 葱水
薑香料各少許。

**器具**

小壜一只。 大盆一只。

**製法**

將雞殺就。用清水漂洗潔淨。其肚內入以醬油陳酒葱薑等類。然後微
和以水。裝入小壜之內。封口擋泥。放入柴草堆中。燒之過夜。明晨取出。
開壜視之。香氣襲人。病者開胃。然後再將雞撕成細絲。拌入已放之洋

菜肉。和以雞露。食者於未食時見之。無不神往而津下也。

## 第五節　酒燜肉

**材料**

鮮蹄胖肉三斤。　陳酒六兩。　醬油四兩。　白文氷半兩。

**器具**

砂鍋一只。　爐一只。　海碗一只。

**製法**

將肉洗淨。用刀破開（不必切塊）放入鍋中。再以醬油酒等一同倒下•和水一小碗。蓋住鍋蓋。然後再用文火徐徐燜之。燜至約三點鐘之久。然後開蓋嘗味。如肉已爛。倒下冰糖。隨即鏟起。霎時便可食矣。

## 第六節　白煑肉

**材料**

鮮蹄胖肉三斤。　食鹽二兩。　陳黃酒四兩。　白文冰一兩。　火肉屑少許。

**器具**　砂鍋一只。　爐一只。　海碗一只。

**製法**　將肉洗淨破開。放入鍋中。和水一碗。先燒一透。然後倒下黃酒。再燒一透。又下以鹽及火肉屑等。然後再以文火徐徐燜之。待爛時。再倒下冰糖。即須鏟起。盛於海碗。要時又可食矣。

## 第七節　紅燒肉

**材料**　肋條鮮鮮肉。約三斤。　陳黃酒四兩。　醬油六兩。　白官鹽一兩。　文冰兩半。　香料少許。　菜油二兩。　顏色少許。（即係菜油和白糖炒

成者）

**器具**

鍋一只。　炭爐一只。　海碗一只。　厨刀一把。

**製法**

將肉洗淨。用刀切成方塊。（約寸半見方）入鍋和水。再加醬油黃酒香料等。一同燒之。燒時須用文火。燒之數透。和以顏色。其肉不可多擾。恐其擾爛。致不雅觀。（故善燒肉者。肉雖爛而邊角仍銳利見方。）待其燜爛。下以白糖。隨卽鏟起。要時卽可食矣。

## 第八節　走油肉

**材料**

鮮大蹄胖肉三斤。　大菜心一斤。（或鹽雪裡紅亦可）　菜油二斤。

醬油六兩。　陳酒六兩。　鹽少許。

**器具**

鍋一只。　爐一只。　刀一把。　碗一只。　缽一只。　盆一只。

**製法**

將肉洗淨。用刀破開。先入鍋用白水。燒半透。將熟時下以陳酒。然後撈起。放入熱油鍋內爆之。緊閉其蓋。爆透偏黃。撈起再放於冷水缽內漂之。約三十分鐘。隨卽取出。用刀切成塊塊。再以一鍋下油半兩。燒至熱時。將切細之菜心倒下炒之。待其脫生。以肉同下。和以醬油及陳酒等。然後再燒二透。便能成熟。卽可鏟起供食。

## 第九節　粉蒸肉

**材料**

鮮腿花肉二斤。　醬油四兩。　陳酒四兩。　青葱三根。　糯米粉一飯碗。

**器具**

鍋一只。爐一只。大洋盆一只。大海碗一只。

**製法**

將肉洗淨。切成小塊。用醬油酒葱薑等洧之。少時和入米粉擾成薄漿一般。然後上鍋蒸之。覆以大盆。蒸之數透。肉爛粉凝。便可食矣。其味甚爲鮮美。

## 第十節　肉丸

**材料**

鮮腿花肉一斤。油二兩。醬油二兩。陳酒二兩。葱三根。青菜（或大菜心）四兩。

**器具**

鍋一只。爐一只。海碗一只。刀一把。砧板一塊。

**製法**

將鮮肉洗淨。用刀亂剁。和以醬油葱酒各少許。俟細碎而爛。用刀在掌心中將肉做成圓形。做就以油入鍋。先燒一沸。將肉丸倒下。煎至四面皆黃。卽下醬油。再和以水。乃以斬細之青菜同下。燒二透。便可食矣。

## 第十一節　橄欖燒肉

**材料**

鮮腿花肉一斤。　陳黃酒二兩。　醬油二兩。　白冰糖二兩。　青橄欖十个。

**器具**

砂鍋一只。　炭爐一只。　海碗一只。　刀一把。　各香料少許。

**製法**

將肉洗淨。和水入鍋。先燒一透。撈去其膜。卽下以酒。再燒數透。再下以黃酒及醬油。肉爛。乃將青橄欖劃紋放下。再燜至十分餘鐘。其味甚爲香美。

## 第十二節　糯米煮肚子

**材料**　鮮豬肚子一只。鴨蛋五個。白糯米四合。葷油二兩。醬油四兩。火腿五六斤。鹽半兩。葱薑各少許。

**器具**　砂鍋一只。爐一只。海碗一只。大盆一只。刀一把。

**製法**　將肚洗淨。以米同蛋和以醬油酒火肉等。用筷打和於肚中。然後入鍋。和水燒之。一透下酒。三透下鹽。再燜半時。可以食矣。

## 第十三節　鮮火臟

**材料**

猪小臟一付。腿花肉二斤。火肉屑二兩。（如無亦可）醬油六兩。陳酒四兩。鹽二兩。葱十枝。筍半斤。

**器具**

砂鍋一只。炭爐一只。刀一把。碗一只。砧板一塊。

**製法**

將小臟翻轉洗淨。以肉用刀斬爛。拌以醬油黃酒等。盛之於碗。然後將臟一頭結住。以肉徐徐放下。放就入鍋。和水燒之。一透下酒。再透下鹽及筍。三透爛之。切成片片。便可以食。如欲紅燒。與紅燒肉同。

## 第十四節　炒腰子

**材料**

猪腰子一對。冬筍少許。醬油一兩。酒半兩。醋少許。正粉少許。葷油少許。白糖少許。

**器具**
鍋一只。爐一只。刀一把。鏟一把。大洋盆一只。

**製法**
將腰子破開。用刀刳去其筋肉。正面斜劃細紋。深約一分。劃就交叉切成薄片。長約八分。切就。用清水及酒漂之。炒時以葷油入鍋。燒至沸時。將漂清之腰片倒入。以鏟炒之。脫生卽下以醬油同水及醋。再以白糖正粉。便可鏟起。（正粉須用水化之）

**注意**
腰子炒時須敏捷。投味得當。不然火力一過。便縮小而殭硬。食之甚乏味也。

## 第十五節　炒雞鴨雜

**材料**

雞雜或鴨雜一付。　葷油一兩。　醬油三錢。　白糖三錢。　酒鹽葱薑各少許。

**器具**

鍋一只。　爐一只。　剪刀一把。　西式洋盆一只。

**製法**

將雞雜洗淨。用鹽打去其污。再洗數次。用刀切成小塊。炒時先以葷油燒熱。倒入鍋中。用鏟鏟之。待其脫生。即下以酒。少時再下醬油及水。再燒一透。微下白糖。便可盛起矣。

## 第十六節　魚丸

**材料**

青魚一尾。　陳黃酒四兩。　鴨蛋五個。　鹽二兩。

**器具**

鍋一只。爐一只。缽一只。砧板一塊。海碗一只。

**製法**

將青魚刮去鱗。剔去骨。洗淨。用刀在砧板上剁之。使成魚醢。盛於缽中。和以蛋白及水。（一小碗）以數十只筷滿握攪打之。漸使稀爛。下以酒鹽。再打數十。便可做丸。做時先燒溫水。（不可過熱如熱可加冷水參之）用右手將缽中魚料。握滿一掬。以食指與母指。合作一圈。握中魚料。自圈內擠出。即成一丸。投之溫水之中。待浮便可撈起。食時和以雞湯燒之。則味更佳。

## 第十七節　炒醋魚

**材料**

青魚一條。（約一斤）　陳黃酒四兩。　醬油四兩。　鎮江醋三兩。

葷油四兩。（素油亦可）　冬筍六兩。　白糖少許。　葱五枝。

**器具** 鍋一只。 爐一只。 西式大洋盆一只。 刀一把。 砧板一塊。

**製法** 將青魚刮去鱗皮。用刀破成二塊。剔去大骨。洗淨血腸。然後在砧板上切成薄片。約七分長。一寸濶。切就。以醬油酒葱等淯之。然後將油入鍋。先燒至沸。卽以魚片倒下。用鏟炒之。待其脫生。下以醬油。和水一碗。如有冬筍。亦於此時同下。燒一透。再下以醋。霎時微下白糖。便可鏟起矣。

## 第十八節 燒鰻魚

**材料** 粗鰻魚二斤。 油二兩。 猪油二兩。 陳酒四兩。 醬油四兩。 白糖少許。 鹽少許。

**器具**

鍋一只。　爐一只。　刀一把。　海碗一只。

**製法**

將鰻魚去腸洗淨。切成段段。入熱油鍋中爆之。（爆得愈透愈佳）待其四面色黃。乃下以酒。少時再下醬油及水。並下切小之猪油。如味淡。稍入微鹽。蓋蓋燒之。文火爲妙。燒之數透。待其肉爛。便下白糖。霎時即可盛起矣。

## 第十九節　燒甲魚

**材料**

甲魚一只約二斤。　鮮腿花肉半斤。　猪油二兩。　陳酒四兩。　醬油四兩。　鹽五錢。　菜油四兩。　白糖少許。

**器具**

鍋一只。　爐一只。　海碗一只。　刀一把。

**製法**

將甲魚翻轉地上。待頭伸出。用刀猛力斬之。斷其喉管。然後將沸水泡之於缸缽之中。剝去其皮。用刀破開。洗淨腸穢。切成小塊。然後入鍋燒之。其法與燒鰻魚同。但猪肉須用沸水泡之。亦要切成小塊。在下酒之前和下。

## 第二十節　煎燉魚

**材料**

鮮鯿魚一斤。（或塘鯉魚亦可。松江之鱸魚更妙。）扁尖四五枝。香菌二三只。菜油一斤。醬油四兩。陳酒六兩。葱二枝。鹽少許。香料少許。

**器具**

鍋一只。爐一只。西式大磁盆一只。海碗一只。

**製法** 將魚開肚去鱗。漂洗潔淨。用鹽及酒同葱一并溍於大洋盆內。微下醬油。少時入鍋爆之。油鍋須熱。爆黃一面。翻轉再爆。二面皆黃。即連油鏟入大海碗內。香菌扁尖。亦於此時放下。（但須要早時用沸水放好）同時下以醬油及清水。使之八分滿碗。乃再入沸水鍋內隔湯燉。或飯鍋中蒸之亦可。燉數透。即可以食矣。

## 第二十一節 麪魚

**材料** 青魚一片。（或鏈魚亦可。）乾麪三兩。（鴨蛋亦可。）葱數枝。 醬油四兩。 陳酒四兩。 菜油半斤。 香料少許。

**器具** 鍋一只。 爐一只。 鉢一只。 海碗一只。 刀一把。

**製法** 將青魚去鱗及腸。劈破二塊。漂洗潔淨。剔去大骨。用刀切薄片如篦箕然。乃以麪醬油蛋及葱酒等在缽內拌之。使麪遍敷魚上。然後倒入熱油鍋中汆之。（須用筷一片片箝入恐其混成一團）汆至色黃肉鬆爲度。汆就一片一片放入於海碗之中。入鍋隔湯燉之。數透便熟。

## 第二十二節　汆魚片

**材料** 青魚一尾。（約一斤）菠菜二兩。（俗名紅嘴綠鸚哥）葷油六兩。醬油六兩。　陳酒六兩。　葱三枝。

**器具** 鍋一只。　爐一只。（洋風爐亦可）大盆一只。　筷一雙。　匙一把。

**製法**

將魚去鱗及腸。劈破對開。剔去大骨。入水洗之。切成薄片。（大小同醋魚片）愈薄愈妙。切就以醬油黃酒等及葱漬之。置於大洋盆中。經時欲食。便可將清水在鍋中燒沸。再下以醬油葷油。使味不鹹不淡。（如有雞湯更佳。）卽用筷片片箝下。隨投隨食。其味異常。有時下以菠菜亦可。少頃食之。如味不正。可再下以葷油醬油。此冬季之惟一良饌也。

## 第二十三節　清煮干貝黃鱔

**材料**

田鱔一斤。　干貝二兩。　陳酒二兩。　鹽少許。　葱薑等少許。

**器具**

鍋一只。　爐一只。　海碗一只。　剪刀一把。

**製法**

將田鱔用剪刀殺就。去膩及腸。漂洗潔淨。剪成段。長一寸。納入鍋中。然後以文火燒之。一透卽去其膜。再透卽入干貝及酒。三透而下鹽。四透燜之。卽可以食矣。（干貝須要先入於陳酒內放好）食時徽用蔴油蘸之。味鮮而潔。湯碧而清。食之異常味美。誠夏季之良食品也。

## 第二十四節　燒魚雜

**材料**

青魚雜一付。　荳腐三塊。　陳酒二兩。　醬油三兩。　菜油二兩。　鹽少許。　葱蒜少許。

**器具**

鍋一只。　爐一只。　大海碗一只。　剪刀一把。

**製法**

將魚雜用剪刀剪開其腸。（須依灣轉灣剪之不可將腸勒直）入清水中洗淨之。再以剪刀剪成塊塊。卽下熱油鍋中爆之。少時隨下以酒。

同時下醬油清水及荳腐。然後蓋蓋燒之一透便就。卽可鏟起。

## 第二十五節　炒蟹粉

**材料**

鮮蟹三只。（拆肉）鴨蛋二個。打和候用。葷油三兩。肉絲少許。醬油二兩。陳黃酒二兩。白糖少許。大蒜葉少許。切細候用。

**器具**

鍋一只。爐一只。碗一只。

**製法**

將鍋入葷油燒熱。及以打和之蛋倒下。用鏟攪拌。觀其將熟未熟之際。卽將蟹肉及肉絲和下同炒之。使蛋包住蟹肉。（蟹黃須留起半熟放下盛於碗面藉以美觀）即下以酒。霎時再下醬油及水。燒一透。微下白糖。便可鏟起。再用大蒜葉灑之於面。食之更覺清香。

## 第二十六節　麪敷蟹

**材料**　鮮蟹四隻。　乾麪二兩。　陳酒二兩。　醬油二兩。　葱薑少許。

**器具**　爐一只。　鍋一只。　海碗一只。　刀一把。

**製法**　將蟹洗淨。用刀一分爲二。卽將斬開之處。蘸以乾麪。使黃不流出。然後放入熱油鍋中爆之。少時下以陳酒。再下醬油及餘賸之乾麪和水同下。燒二透。恰如薄醬敷之於蟹體。然後再燒透。便可盛起。食之其味甚佳。

## 第二十七節　蟹燉蛋

**材料**

蟹二隻。或一隻亦可。（拆肉候用）蛋二個。酒二兩。醬油半兩。（如於干貝同下更妙）葷油少許。葱薑末各少許。

**器具**

海碗一隻。鍋一只。爐一只。

**製法**

將蛋破殼。入碗打和。下以醬油酒葱等。再下以蟹。清水沖之滿碗。以筷攪和。然後入鍋隔湯燉之。（或飯鑊亦可）待燉就下以葷油食之其味甚爲鮮美。

## 第二十八節　炒蝦仁

**材料**

清水蝦一斤。（擠蝦仁候用）葷油二兩。醬油二兩。酒半兩。冬筍二兩。（切細候用）白糖少許。

**器具** 鍋一只。爐一只。大洋盆一只。

**製法** 將蝦仁和酒。倒入熱葷油鍋內。炒數下便下冬筍塊及醬油。微和以水。再炒片刻。略下白糖。便可盛起矣。

## 第二十九節　蝦鬆

**材料** 蝦半斤。麪二兩。油二兩。蛋三個。（打和候用）酒二兩。鹽少許。葱三枝。醬油四兩。

**器具** 鍋一只。爐一只。缽一只。大海碗一只。筷一雙。磁缽一只。

**製法**

將蝦洗淨。去鬚置缽中。以酒葱醬油蛋等。入內拌之。拌就燃火燒油使之透沸。乃用筷箝蝦二三隻。投入熱油鍋中。待其黃鬆。即行撈起。輪遞至完。然後裝入磁缽之內。隨時可以取食。

## 第三十節　油炒蝦

**材料**

水晶蝦四兩。　菜油半斤。　醬油二兩。　酒半兩。　鹽少許。

**器具**

鍋一只。　爐一只。　碗一只。　盆一只。　剪一把。

**製法**

將蝦洗淨去鬚。用酒鹽淆之。然後以油入鍋。燒之極熱。鏟起若干。放於醬油盆中。隨時即將淆好之蝦。倒入熱油鍋中。用鏟亂炒。觀其色紅。便即鏟起。盛於醬油盆內。食之非常鮮潔。

## 第三十一節　肉絲蛋湯

**材料**

腿花肉六兩。（切成肉絲候用）蛋三枚。醬油半兩。陳酒半兩。大蒜少許。（切細候用）葷油一匙。

**器具**

鍋一只。爐一只。海碗一只。筷一雙。

**製法**

將蛋破殼。入碗打和。下以醬油酒肉絲等。用筷再打數次。然後先用清水。入鍋燒透。乃以打就之蛋倒入鍋中。再下醬油。蓋蓋燒之。一透啟蓋。其味適稱。即下葷油大蒜葉等。霎時便可盛起矣。

## 第三十二節　蛋餃

**材料**

蛋十枚。腿花肉半斤。醬油一兩。陳酒二兩。葱三枝。豬油一塊。（約二兩）

**器具**

鍋一只。爐一只。海碗一只。大盆一只。筷一雙。匙一把。

**製法**

將肉洗淨。用刀先斬碎。和以酒葱醬油等。再將蛋破殼打和。然後燒熱其鍋。以豬油在鍋底擦之出油。即匙蛋一匙倒入鍋底。再用筷箝肉置於中央。待蛋皮漸老。用筷包轉。確如一餃。翻身數次。便可鏟起。食時須再入鍋重燒之。

## 第三章　素菜

### 第一節　雪筍湯

**材料**

鹽雪裏紅三兩。　筍三兩。　油半兩。　醬油二兩。　白糖少許。　大蒜葉少許。

**器具**

鍋一只。　爐一只。　刀一把。　海碗一只。

**製法**

將雪裏紅及筍。一一切成細塊。然後燒熱油鍋。將雪筍倒下炒之。少頃下以醬油及水一碗。蓋蓋燒之。一透即就起鍋時。和以白糖。灑以大蒜。其味甚鮮。

## 第二節　水荳腐花湯

**材料**

水荳腐花一碗。　毛荳子少許。　扁尖香菌各少許。（須要放好候用）醬油四兩。　蔴油少許。

**器具**

鍋一只。　爐一只。　海碗一只。

**製法**

將水荳腐漂清。和以清水輕輕倒入鍋中。下以扁尖香菌等。蓋蓋燒之。一透便就。起鍋時。再加以大蒜葉。其味較香。

## 第三節　荳瓣湯

**材料**

蠶荳三合。　醬油一兩。　碗一只。　蔴油少許。

**器具**

缽一只。　海碗一只。

**製法**

將蠶荳先浸於缽。越夜撈起。剝去其皮。用水洗淨。置於盆中。同時另沖醬油湯一海碗。一齊燉於飯鑊。待其飯透。便將盆中之荳瓣倒入醬油湯內。再燉片刻。卽可以食矣。

**注意** 荳瓣若不另置一盆。同在醬油湯內燉之。則其荳硬而不酥。食之便覺無味也。

## 第四節　細粉茭白湯

**材料** 細粉半斤。　茭白二根。　醬油一兩。　大蒜三枝。（切細候用）

**器具** 鍋一只。　爐一只。　海碗一只。

**製法** 將細粉洗清勒斷。放入鍋中。茭白切成細絲。亦入鍋內。然後和以醬油及水一碗。燃火燒之。一透便就。起鍋須加以大蒜葉等。便可以食。

## 第五節　蘿蔔湯

**材料**

蘿蔔二個。　醬油二兩。　大蒜三枝。　葷油少許。

**器具**

鍋一只。　爐一只。　碗二只。　刀一把。

**製法**

將蘿蔔洗淨去皮。用刀切成細絲。長約寸許。粗約分許。切就放入鍋中。和水一碗。下以醬油。燃火燒之。一透即就。微加大蒜。便可盛起矣。

## 第六節　醃白菜

**材料**

白菜四兩。　醬半兩。　鹽少許。　醋三錢。

器具
鍋一只。爐一只　刀一把。盆一只。
製法
將白菜洗淨。葉葉拆開。放入鍋中。用清水燒之。一透撈起。以刀切成細屑。用微鹽醬油醋等拌之。要時裝入盆中。便可食矣。

## 第七節　醃萵筍

材料
萵筍三根。鹽半兩。醬油半兩。
器具
碗一只。盆一只。刀一把。
製法
將萵筍用刀削去皮。入水洗之。再將刀成纏刀塊。（即斜梳塊）用鹽醃於碗中。以手捏之。使去苦水。越時傾去醃出之水。轉放盆中。和以醬油。再以蔴油澆之。則其味更美。

## 第八節　醃馬萊頭

**材料**

馬萊頭一斤。　鹽一兩。　熟油半兩。　白糖少許。

**器具**

鍋一只。　爐一只。　缽一只。　刀一把。　碗一只。

**製法**

將馬萊頭去根洗淨。放入鍋中和清水燒之。一透撈起。捏成數團。以刀切成細屑。即將鹽拌和。並澆以熟油。再加以白糖。然後裝入盆中。即可以食矣。

## 第九節　醃筍

**材料**

筍四枝。　醬油一兩。　蔴油一錢。

**器具**

刀一把。　盆一只。

**製法**

將筍去殼。入鍋隔湯蒸之。（或飯鑊上蒸之亦可）至透取出。用刀切成纏刀小塊。（即斜梳塊）裝入盆中。拌以醬油及蔴油。食之鮮嫩異常。

## 第十節　醃蘿蔔絲

**材料**

蘿蔔二個。　鹽五錢。　熱油半兩。　葱三枝。（切細候用）　白糖少許。

**器具**

刀一把。　刮鏢一個。　鉢一只。　碗一只。　筷一雙。

**製法**

將蘿蔔洗淨。以刮鏢刮去其皮。用刀斜切。切成長圓形之薄片。再將薄片切成細絲。放入鉢中。和鹽捏之。使去辣水。然後下以葱屑。澆以熱油。併入盆中。便可食矣。

## 第十一節　醃芹菜

**材料**

芹菜四兩。　醬油半兩。　蔴油一錢。

**器具**

鍋一只。　爐一只。　盆一只。　刀一把。　筷一雙。

**製法**

將芹菜用筷打去其葉。放入鍋中。以清水燒之。一透撩起。用刀切斷。約長寸許。裝入盆中。和以醬油。再加蔴油。便可以食。

## 第十二節　醃磨腐

**材料**

磨腐二方。　醬油一兩。　蔴油二錢。　薑末少許。　扁尖一兩。（切細候用）

**器具**

碗一只。　刀一把。

**製法**

將磨腐用水漂清。以刀切成小塊。放入碗中。下以醬油。加以蔴油。拌以薑末扁尖。食之涼爽無比。洵夏宜之品也。

## 第十三節　炒辣茄絲

**材料**

青辣茄四兩。 香荳腐乾六塊。 醬油三錢。

**器具**

鍋一只。 爐一只。 刀一把。 碗一只。

**製法**

將辣茄切開。挖去其子。用刀切成細絲。再將腐乾亦切細絲。然後將鍋燒熱。下以菜油。待沸以辣絲倒下。用鏟炒之。霎時下以腐乾絲和以醬油。下以微水。再燒霎時。便可食矣。

## 第十四節 炒三鮮

**材料**

油麪筋一串。 金針菜木耳各若干。 筍乾少許。 毛荳子少許。 菜油半兩。 醬油一兩。 白糖少許。

**器具**

鍋一只。　爐一只。　碗二只。　刀一把。

**製法**

將筍乾隔夜放好切細。金針菜木耳亦須先時放好。（用温水放之）油麪筋用剪剪碎。燒時將油鍋燒熱至沸。卽以油麪筋筍乾木耳等加下炒之。少刻下以醬油毛荳。並和以水。蓋蓋燒之。數透卽就。起鍋須下白糖少許。以引鮮味。

## 第十五節　炒粉皮

**材料**

粉皮一斤。　鹽三錢。　鹽雪裏紅二兩。（切細候用）油三錢。

**器具**

鍋一只。　爐一只。　刀一把。　碗一只。

**製法**

將粉皮入碗。先用溫水及鹽捏之。以去酸氣。取出用刀切成細條。（長二寸闊三分）卽入熱油鍋中炒之。霎時下以鹽及雪裏紅。再炒數下。卽可盛起。

## 第十六節　炒金花菜

**材料**

金花菜半斤。　油一兩。　酒二錢。　鹽少許。　醬油一兩。

**器具**

鍋一只。　爐一只。　碗二只。

**製法**

將金花菜揀去雜物。摘去老梗。入水洗淨。卽以油鍋燃火燒熱。醬油放於碗中。待油至沸。鏟起少許於醬油碗內。乃以金花菜同鹽入鍋。用鏟炒之。少時下以陳酒。再燒二透。卽可鏟起。置於醬油碗中。食之鮮美勝常。

## 第十七節　炒青菜百葉

**材料**
青菜四兩。　百葉八張。　鹽二錢。　油四錢。　醬油半兩。

**器具**
鍋一只。　爐一只。　刀一把。　碗一只。

**製法**
將青菜洗淨。用刀切細。將百葉在熱水內浸之。少時取出。切成細絲。然後燃火燒熱油鍋。及沸。以鹽投下。急將青菜連手倒下。用鏟炒之。霎時和以百葉醬油。及水少許。蓋蓋燒之。二透便就。

## 第十八節　炒新蠶荳

**材料**

新蠶荳一斤。　鹽五錢。　油五錢。

**器具**

鍋一只。　爐一只。　碗一只。

**製法**

將荳剝去其殼。燒熱油鍋。先投以鹽。連手即將蠶荳倒下炒之。少時微和以水。蓋蓋燒之。數透便就。

## 第十九節　大燒荳腐

**材料**

荳腐五塊。　金針菜少許。（用温水放好候用）　油三兩。　醬油一兩。　白糖三錢。

**器具**

鍋一只。　爐一只。　刀一把。　海碗一只。

**製法**

將荳腐入水漂清。每方用刀切成四塊。乃以油鍋。燃火燒熱。即將荳腐倒下煎之。觀其四面色黃。可將金針菜及醬油投下。微和以水。蓋蓋燒之二透即就。起鍋時。少以白糖。其味較鮮。

## 第二十節　紅燒白菜

**材料**

白菜半斤。　油三錢。　醬油半兩。　白糖少許。

**器具**

鍋一只。　爐一只。　刀一把。　碗一只。

**製法**

將白菜切成細長條塊。用水洗之。然後燒熱油鍋。以白菜倒下炒之。嫑時下以醬油及水。蓋蓋燒之。二透可就。起鍋亦須和以白糖。

## 第二十一節　燒蕹菜膩

**材料**
蕹菜半斤。冬筍少許。（切細候用）荳腐一塊。正粉一兩。醬油一兩。油三錢。糖少許。

**器具**
鍋一只。爐一只。刀一把。碗二只。

**製法**
將蕹菜揀去雜物。用水洗淨。以刀切成細屑。荳腐亦須漂清切小。然後燒熱油鍋。將蕹菜倒下炒之。少時和以冬筍荳腐。並下醬油及水一碗。蓋蓋燒之。待透下以白糖及正粉。（正粉須在水內浸酥去腳）霎時即可盛起。

## 第二十二節　燒荳腐乾絲

材料　香荳腐乾十塊。　醬油五錢。　冬筍一兩。　蔴油二錢。

器具　鍋一只。　爐一只。　刀一把。　碗一只。

製法　將荳腐乾用刀先成薄片。再切爲絲。和水半碗。入鍋同醬油燒之。下以白糖筍絲。二透取出。再加蔴油。其味甚美。

## 第二十三節　香菌燒荳腐

材料　荳腐三塊。　茅柴菌四兩。　油一兩。　醬油半兩。　糖少許。

器具　鍋一只。　爐一只。　刀一把。　碗一只。

**製法**

將荳腐及菌洗淨切小。燒熱油鍋。先以荳腐倒入煎之。四面黃色。再下茅菌同煎。霎時下以醬油及水。蓋蓋燒之。二透便就。起鍋必下白糖少許。及大蒜若干。

## 第二十四節　蒸茄子

**材料**

茄子四只。　醬油二兩。　蔴油三錢。

**器具**

碗一只。　盆一只。

**製法**

將茄子洗淨。在飯鑊上蒸之。另以一碗。置以醬油。及蔴油。亦在飯鑊上蒸之。迨透取起。以茄撕成條條。放入盆中。食時用蒸熟之醬蔴油澆之。

其味頗美。

## 第二十五節　燒菌油

**材料**

茅柴菌或角樹菌半斤。　油半斤。　醬油四兩。

**器具**

鍋一只。　爐一只。　海碗一只。

**製法**

將菌洗淨。倒入燒透之熱油鍋中煎之。有時下以醬油同煎。待其水氣漸乏。油內無爆聲。便可盛於碗中矣。他日用以沖湯蘸菜。其味頗不惡云。

# 第四章　鹽貨

## 第一節　鹽雞

**材料**

公雞一只。 鹽六兩。 陳黃酒四兩。 花椒香料各少許。

**器具**

缸一只。 鼓墩石一塊。 乾荷葉一大張。

**製法**

將殺好之雞去毛洗淨瀝乾。用鹽醃。放入缸中。再灌酒及花椒茴香等料。然後再將荷葉鋪好。上蓋以石壓緊。須置於污蟲不到之處。乃佳。

## 第二節 鹽肉

**材料**

鮮腿一只。 鹽一斤。 陳酒一斤。 花椒二兩。 大茴香三只。 白馬焇少許。

**器具**

二斗缸一只。　重石頭一塊。　大乾荷葉三張。

製法

將鮮腿陰面先劃數刀。然後將鹽擦入。擦之遍徧。放於缸中。再摻以鹽。澆以黃酒花椒香料等。及白馬焇。恐其生蟲。又將荷葉平鋪蓋好。再用重石壓之。愈重愈佳。

## 第三節　鹽魚

材料

大青魚一條。　鹽二斤。　陳黃酒二斤。　川椒香料各少許。

器具

三斗缸一只。　重石一大塊。　乾荷葉三四張。

製法

將青魚除去鱗。并去其腸。對劈破開。斷成三段。不可於水中洗去其血。

恐生水入內。不免生蟲。斷就用鹽醃均。加以黃酒香料等。鋪平用荷葉蓋好。再以重石壓之。乃佳。

## 第四節 鹽牛肉

**材料**

嫩黃牛肉十斤。 鹽二斤。 陳酒一斤。 川椒二兩。 茴香少許。

**器具**

斗豆缸一只。 木棒鎚一個。 重石頭一塊。 乾荷葉三張。

**製法**

將牛肉放於缸中。用鹽醃均。不可以手擦之。蓋恐其色發黑。須用木棒鎚擦之。則他日血紅可愛。醃就即將荷葉鋪平。再用重石壓緊乃佳。

## 第五節 鹽鴨蛋

**材料**

大鴨蛋三十個。　鹽三兩。　火酒三兩。　爐底灰一升。

**器具**

壜一只。　雷盆一個。　小木鎚一個。　筲箕三張。

**製法**

將鹽入雷盆中研細。然後將火酒爐底灰一同拌和。再將鴨蛋洗淨晒乾。然後個個徧塗以灰。塗就隨卽上壜。以筲箕緊扎其口。再擋以泥。月餘可食。

## 第六節　鹽蝦子醬

**材料**

小坑蝦十斤。　鹽二斤。　陳黃酒二斤。

**器具**

壜一只。　筲箕三張。　大洋瓶二個。　竹爪籬一個。

**製法**

將坑蝦淘淨揀淨。倒入壜中。醃以鹽。醃均再加黃酒。用箬扎緊其口。再塗泥。越半月。開壜濾去渣。倒入鑊中煎。撩去其小泡。然後盛起。再裝以瓶。徐徐候用。

## 第七節　鹽蟹

**材料**

蟹五斤。　醬油二斤。　陳酒半斤。　鹽四兩。

**器具**

缽一只。　蓋一個。　小石一塊。　大盆一只。

**製法**

將蟹隻隻洗淨。扳開其臍。入以鹽。醃就。壓於缽中。再和以醬油及酒。然後用蓋蓋好。恐其跑去。蓋就。再壓以小石或物。以示穩固。越四五日卽可食。味甚鮮美。

## 第八節　鹽雪裏紅

**材料**

雪裏紅二十斤。　八角茴香二兩。　鹽二斤。

**器具**

缸一只。　石三塊。　木棒鎚一根。　罎一只。　雷盆一只。

**製法**

將雪裏紅洗淨吹乾。置於缸中用鹽醃均。以石壓結。越六七八日撈起晒乾。然後每把作成一圈。放入罎內。層層洒以八角茴香末。俟至滿罎。用木鎚觸結。上面以柴打成綆子。亦圈而塞其罎口。如一條不夠。再用多條塞就。然後將罎翻轉。坐於水雷盆內。便可成熟。其餘各菜。製法皆同。故不備載。

## 第九節　鹽嘉興蘿蔔

**材料**
太湖蘿蔔十斤。　鹽二斤。　陳黃酒一斤。　赤沙糖一斤。　甘草末八角茴香末各一兩。

**器具**
缸一只。　壜一只。　大籃一只。　刀一把。　笋籜三張。　石一塊。

**製法**
將太湖蘿蔔。洗淨吹乾。用刀切成細條。然後鹽於缸中。再用石壓足。越夜撈起。晒之微乾。再入缸內。壓之過夜。仍起晒乾。（不可過乾）晒就收入壜中。再用甘草末香料等。重重醃均。迨壜滿。再和以赤沙糖黃酒等。緊扎其口。再擋以泥。以免洩漏香氣。

## 第十節　鹽大蒜頭

**材料**

大蒜頭十斤。　鹽二斤。　陳黃酒半斤。　甘草末二兩。　赤沙糖六兩。

**器具**

缸一只。　壜一只。　雷盆一個。　箬籜三張。

**製法**

將大蒜頭洗淨入缸。用鹽醃勻。越三夜入壜。加以甘草末赤沙糖黃酒等。然後將壜口扎緊。翻轉再坐於雷盆之中。置於陰涼之處。約一月餘。可食矣。

## 第十一節　鹽苣筍

**材料**

苣筍十斤。　鹽二斤。　玫瑰花十朵。

**器具**

小缸一只。　小罈一只。　箏箄三張。　小石一塊。　細竹筌子數十根。

**製法**

將萓筍削去其根葉。并去皮。入清水中。洗去苦水。置缸中醃之。用石壓緊。越三四日。撈起晒乾。根根捲好。中含玫瑰花一朶。再用竹筌子筌牢。使不放開。然後置於小罈之中。緊扎其口。他日取食。香脆無比。

## 第十二節　鹽大頭菜

**材料**

大頭菜十斤。　鹽二斤。　大茴香八只。　小茴香一兩。

**器具**

缸一只。　罈一只。　雷盆一只。　箏箄三張。　水油紙一張。

**製法**

將大頭菜洗淨。每一只勻切四五片。用鹽在缸內醃之。再用石壓足。然後撈起晒乾。帶鹽上壜。重重再加香料。用笋籜油紙紮緊其口。紮就翻轉。坐於雷盆之內。越兩星期。便可成熟。

## 第十三節　鹽香椿頭

**材料**

香椿頭十斤。　鹽二斤。　大小茴香各一兩。

**器具**

壜一只。　雷盆一只。　笋籜三張。

**製法**

將香椿樹頭。洗淨吹乾。層層用鹽。醃於壜內。醃勻上面加以香料。以笋籜紮其口。再以雷盆坐其首。兩旬餘。卽可食矣。

## 第十四節　鹽笋尖

**材料**

小嫩笋十斤。　鹽二斤。　大茴香六只。　玫瑰花十朵。

**器具**

缸一只。　石一塊。　壜一只。　笋籜三張。

**製法**

將小嫩笋去殼。用鹽醃於缸中。壓以重石。越旬餘撈起。哂以日光。待至微乾。收入壜內。加香料。固封其口。旬餘能食。

## 第十五節　鹽水菜

**材料**

大菜十斤。　鹽二斤半。

**器具**

缸一只。　石二塊。

**製法**

將大菜於清水內洗淨。置入缸中。用鹽醃勻。壓以重石。七日可食。

## 第十六節　鹽西瓜皮

**材料**

西瓜翠皮十斤。　鹽三斤。

**器具**

缸一只。　石一塊。

**製法**

將西瓜翠皮。用刀薄薄切之。放入缸中。以鹽醃之。再壓以石。三日可食。

食時切成豆塊。爽脆異常。

## 第十七節　鹽黃蘿蔔

**材料**

黃蘿蔔十斤。　鹽三斤。　甘草末半斤。

**器具**　缸一只。　篕一只。　壜一只。　刀一把。　石一塊。　笋籜三張。

**製法**　將黃蘿蔔每條切成三段。再切細條。漂洗潔淨。以鹽醃於缸中。用石壓好。越三四日起缸。晒之微乾。再醃入缸中。又二三日撈起瀝乾。向日光中再晒微乾。然後入壜同甘草末重重醃好。緊紮其口。一月餘可食。

## 第十八節　鹽金花菜

**材料**　金花菜十斤。　鹽二斤半。　大小茴香各二兩。

**器具**　缸一只。　壜一只。　篕一只。　柴梗數條。　雷盆一只。

**製法**

將金花菜揀洗潔淨。入缸醃鹽。越四五日。撈起瀝乾。盛籩晒之。微乾下壜。再以香料重重醃勻。待壜滿以柴梗塞口。翻轉坐於雷盆之上。二旬餘可食。

## 第十九節　鹽蝦糟

**材料**

白酒糟五斤。　小坑蝦三斤。　鹽一斤半。　湖葱一扎。

**器具**

壜一只。　籩一只。　筷一雙。　箏箬三張。　油紙一張。

**製法**

將白酒糟榨乾。先入壜內。用鹽醃勻。然後再將小坑蝦放於籩中揀淨。亦倒入壜。以筷操和。再加湖葱。便卽封口。然後再用泥擋之。經久不壞。

# 第五章　糟貨

## 第一節　糟雞

**材料**

童雌雞一只。　鹽十兩。　茴香三只。　陳酒六兩。　白酒糟三斤。（或酒釀更好）

**器具**

缸一只。　壜一只。　石一塊。　荷葉二張。　箬籜三張。

**製法**

將雞殺就。去腸洗淨。以鹽醃好。和以香料。用石壓緊。越六七日。撈起瀝乾。掛於檐下。使之吹乾。待吹乾後。收入壜內。徧塗以糟。緊封其口。且擋以泥。約一月餘。卽可以食。

## 第二節　糟肉

**材料**

鮮腿一只。鹽二斤。酒半斤。糟三斤。茴香六只。

**器具**

缸一只。壜一只。石一塊。荷葉三張。笋籜三張。

**製法**

將鮮肉徧擦以鹽。醃於缸中。和以香料。用石壓緊。越八九日。撈起晒乾。使其乾足。置於壜內。（壜內放不下可切成小塊）徧和以糟。封口塗泥。他日取而食之。勝於火肉萬倍。

## 第三節　糟魚

**材料**

活鯉魚一條。鹽二斤。大茴香六只。陳黃酒半斤。甜酒釀三斤。

**器具**

缸一只。壜一只。石一塊。荷葉三張。笋籜三張。毛竹籤一根。

**製法**

將活鯉魚先去其鱗。幷去其腸。劈開。帶血醃入缸中。用石壓結。隔八九日。撈起穿於竹籤上。高懸晒之。晒乾上。壜徧塗以糟。然後緊封其口。且擋以泥。他日取食。其肉血紅。其味馨香。

## 第四節 糟蛋

**材料**

鴨蛋五十個。　大酒香糟五斤（此糟非糟雞糟肉之糟）鹽二斤半。

**器具**

壜一只。　箬籜三張。

**製法**

將榨乾之香糟。拌鹽先盛壜內。然後將蛋個個放入。務須均勻。如將蛋盛於夏布袋內。結口放入。亦無不可。放就。箬籜紥口。再塗以泥。使不洩氣乃佳。一月餘。卽可食矣。

## 第五節　糟黃荳芽

**材料**
黃荳芽一斤。　香糟半斤。　醬油四兩。　鹽四兩。

**器具**
鉢一只。　鉢蓋一個。　夏布袋一個。　鍋一只。

**製法**
將黃荳芽去根洗淨。入鍋燒之。微和以水。一透和以醬油及鹽。再透便熟。盛於鉢內。中挖一潭。用香糟入布袋內。亦浸於鉢中。緊閉其鉢蓋。要時食之。清香味美。夏令最宜。

## 第六節　糟筍乾

**材料**

筍乾一斤。醬油四兩。香糟半斤。鹽六兩。

**器具**

鉢一只。鍋一只。鉢蓋一個。夏布袋一個。

**製法**

將筍乾入鍋燒透。先燜一夜。翌日撈起。切成片片。微和以水。入鍋再燒一透。加以醬油及鹽。再透少燜。便可撈起。盛於鉢內。中挖一潭。用香糟入袋浸之。緊閉以蓋。霎時可食。亦爲夏令妙品。

## 第七節 糟麪筋

**材料**

油麪筋一斤。香糟半斤。醬油六兩。鹽四兩。

**器具**

鍋一只。鉢一只。鉢蓋一個。絹袋一個。剪刀一把。

**製法**

將油麵筋。用剪刀剪開。微和以水。入鍋燒之。一透和以醬油及鹽。再透即熟。撈起盛於缽中。用糟浸入缽內。緊閉其蓋。霎時食之。清爽無比。

## 第八節　糟白燜雞

**材料**

壯雞一只。　香糟三斤。　陳酒四兩。　鹽半斤。　筍尖冬筍各少許。

**器具**

鍋一只。　大缽一只。　絹袋一只。　大盆一只。

**製法**

將雞殺就洗淨。切成四塊。放入絹袋內。緊扎其口。浸於香糟缽中。約二小時。即可取出。入鍋燒之。少加以水。須用文火。燒之數透。下以冬筍及筍尖。再燒之。微爛下鹽。不可過鹹。燒熟撈起。切成長細之條。平鋪大盆之底。食時再用蔴油蘸之。美不可當。盛夏爽胃。惟一無二之良饌也。

## 第九節　糟白斬鴨

**材料**

鴨一只。　香糟一斤。　陳酒六兩。　鹽半斤。

**器具**

鍋一只。　鉢一只。　大盆一只。　絹袋一只。　鉢蓋一個。

**製法**

將鴨殺就。漂洗潔淨。切成小塊。入鍋和水燒爛。須用文火。先燒透。便下鹽。不可過鹹。燜爛撈起。盛於鉢中。以糟入袋。亦浸鉢內。再用蓋蓋好。要時可食。但水不可過多。恐乏鮮味。

## 第十節　糟蹄胖

**材料**

蹄胖二斤。　陳酒半斤。　香糟三斤。　鹽半斤。　火肉屑二兩。　白文冰一兩。

**器具**

鍋一只。　鉢一只。　大碗一只。　絹袋一只。

**製法**

將蹄胖或爪尖。放入絹袋內。緊扎其口。投於香糟鉢中。二小時撈起。入鍋和水燒之。須用文火。一透下酒。再透下鹽。三透下火肉屑。四透下文冰、五透即爛。可以食矣。撈起盛於碗。香氣充乎外。聞者無不神往而津下。

## 第十一節　糟青魚塊

**材料**

開片青魚二斤。　鹽十二兩。　細粉半斤。　陳黃酒半斤。　大茴香六只。香糟三斤。蒜葉少許。

**器具**

鍋一只。缸一只。缽一只。袋一只。海碗一只。刀一把。

**製法**

將青魚去鱗腸。不必洗淨。用鹽醃於缸中。歷二小時。便取出。用水洗淨。切成方塊。倒入袋內。以線扎其口。投浸於香糟缽中。又歷二小時。入鍋燒之。和水一碗。先燒一透。下陳酒。再燒之。微和以鹽。不可過鹹。然後將細粉和下。迨熟撈起。加以蒜葉。食之非常清爽。

## 第十二節　糟肚片

**材料**

豬肚子一只。鹽四兩。陳酒四兩。香糟一斤。

**器具**

鍋一只。缽一只。袋一只。缽蓋一個。海碗一只。刀一把。

**製法**

將肚翻轉。用刀刮去其穢。漂洗潔淨。入鍋燒之。幷和以水。一透下酒。再透下鹽。三透燜之。便成熟。然後撈起。放入袋內。緊紮其口。投浸香糟缽內。以蓋蓋之。一小時取出。用刀切成細條。裝入海碗。醬蔴交加。(即醬油蔴油)食之爽快。

## 第十三節　糟乳腐

**材料**

腐坯一作。鹽九斤。酒釀一斗。川椒三錢。

**器具**

缸一只。墰一只。箬𥱼三張。石一塊。

**製法**

將腐坯用鹽層層醃於缸內。以石壓緊。約一月。帶鹽取出用酒釀重重轉醃於壜中。加以花椒。待至壜滿。用鹽封口。來日縮下再下以鹽。然後緊紮其口。塗之以泥。使不洩氣乃佳。

## 第十四節　糟油

**材料**

白酒脚十斤。（或壞黃酒亦可）陳皮二兩。　花椒二兩。　丁香二兩。

山芳二兩。

**器具**

缸一只。　鍋一只。　箏籭三張。

**製法**

將白酒脚醃熟。即用二清渾酒脚。如煎酒煎透。加以各種香料。沖入壜中。緊封其口。再擋以泥。

# 第六章　醬貨

## 第一節　造醬油

**材料**
黃荳一斗。　乾麪十斤。　鹽十斤。　水四十五斤。

**器具**
一石缸一只。　醬爬一個。　抽油籠一只。

**製法**
將荳傾入鑊中。以硬火燃燒。悶之過夜。使無殭塊。然後撩起。以籮盛之。瀝去荳汁。俟冷拌麪。均攤竹篇。藏於隱風之處。悶二三日。移置透風之地。又一二日。見風收燥。卽浸入鹽水缸中。（但未煮荳時先晒鹽水）晒月餘。卽可成熟。

**注意**

煮荳須爛。霉毛須足。荳既下缸。須日晒夜露。以清熱毒。醬既成熟。須勿投小菜。以免生蟲。

## 第二節　造甜醬

**材料**

白麪十斤。　黃荳末四升。　鹽五斤。　水一小桶。

**器具**

五斗缸一只。　醬爬一個。

**製法**

將水與麪及黃荳末一同拌和。用足踏結。愈硬愈佳。踏就切長條成塊。置入籠牀。上甑蒸之。及透取出。再切薄片。平攤於架。燜起霉毛。閱五日。下架晒乾。愈乾愈妙。先晒鹽湯。然後下缸。時用醬爬翻轉。月餘成熟。

**注意**

下缸時。須擇天氣靜穩時行之。不然。非獨色黑。且味酸云。

## 第三節　醬甜瓜

**材料**

青皮嫩生瓜五斤。　鹽一斤。　醬五斤。

**器具**

小缸一只。　籃一只。

**製法**

將生瓜劈破對開。刮去其子。用鹽醃均。壓以重石。明日撩起。晒之微乾。先入次醬。然後套以甜醬。瓜變深黃色。卽可以食。

**注意**

子挖不盡。其瓜必爛。醃壓不足。其瓜必壞。

## 第四節　醬生薑

**材料**
嫩薑十斤。　鹽二斤　醬八斤。
**器具**
小缸一只。　蘿一只。
**製法**
將嫩薑洗淨。去管皮。醃以鹽。次晨撈起。瀝乾。初入次醬之內。約半日再以甜醬套之。半月可食。
**注意**
甜醬之色須黃而明。如黑而酸。則所醬之薑。其味必苦。

## 第五節　醬鮮菱豉瓜

**材料**
生瓜十斤。　鹽十二兩。　甜醬一斤。

**器具**

缸一只。

**製法**

將生瓜切片。用鹽作二次醃壓。隔半日。撈起瀝乾。用甜醬洒微鹽醬之。過三小時。由醬取出。切成片片。其味清脆。

**注意**

醬時不可在日光中行之。深恐其柔輭如棉絮也。

## 第六節　醬甜瓜條

**材料**

小生瓜十斤。　鹽一斤。

**器具**

小缸一只。

**製法**

將生瓜去蒂刺眼。至其做法。與甜瓜同一手續。（參觀第三節）

## 第七節　醬水晶瓜

**材料**

生瓜十斤。　鹽一斤。　甜醬一小缸。

**器具**

罎一只。　缸一只。

**製法**

將杜園小生瓜。筌洞醃鹽。壓之半日。微有水出。撈起瀝乾。先入次醬缸內。閱日晒熟。去其次醬。收入甜醬罎中。緊封其口。甜脆異常。

**注意**

甜醬內不可同醬生薑。以致生蟲。醬罎口不可疏忽開放。以致味酸。

## 第八節　醬萵筍

**材料**

萵筍十斤。　鹽斤半。　甜醬一小壜。

**器具**

壜一只。　籃一只。

**製法**

將萵筍去皮洗淨。用鹽醃之。以石壓之。過夜撩起。置日光中。以籃晒之。甫乾。卽入新甜醬內。月餘可食。鬆脆不可言狀。

**注意**

萵筍晒時。不可過乾。亦不可過濕。過乾則食之不鬆。過濕則難免醬酸。

## 第九節　醬橘皮

**材料**

橘皮一斤。 甜醬三斤。

**器具**

小缸一只。 夏布袋一只。

**製法**

將橘皮去筋。入於滾水。煎去苦味。便撈起。再投清水。漂淨筋屑。不須醃鹽。裝入夏布袋中。瀝去其水。浸入甜醬。閱二三月。即可以食矣。色紅味美。

**注意**

橘皮須揀薄而細者。不然。其味必苦。

## 第十節 醬佛手

**材料**

黃蘿蔔十斤。 陳原醬三斤。 甜醬一小壜。 鹽半斤。

**器具**

罎一只。　小缸一只。

**製法**

將黃蘿蔔切成佛手狀。入沸水鍋內。滾出苦水。再投清水。漂洗潔淨。浸以鹽湯。隔一夜撈起。先以陳原醬醬之。又隔二日。去其陳醬。浸入甜醬。過年可食。愈陳愈佳。

**注意**

醬此物何以必先用陳原醬套之。蓋取其易透也。不然。鮮能入味者。既熟。食時可切薄片。裝入瓶內。隨食隨取。非常便利。

## 第十一節　醬茄子

**材料**

茄子十斤。　鹽一斤。　醬一小罎。

**器具**

缸一只。　罎一只。

**製法**

將茄子用爐灰蹈熟洗淨。以鹽醃之。壓以輕石。近二日撈起瀝乾。和以原醬。對月可食。

**注意**

此醬須晒轉候用。不可缺鹽。缺鹽則加鹽湯。蓋茄子味甜。如不入鹽味弗宜於口也。

## 第十二節　醬刀荳

**材料**

刀荳十斤。　鹽一斤。　次醬五斤。　新甜醬三斤半。

**器具**

小壜一只。　缸一只。

**製法**

將刀荳去筋。浸入鹽水缸內。閱二三日撈起。投入次醬缸中。約一月。取出洗淨。再入新甜醬內。半月可食。其味甚美。

刀荳堅硬。不以次醬浸之。則不入味。不以甜醬套之。則不鮮潔。

## 第十三節　醬筍

**材料**

象筍十斤。　醬油一斤　甜醬三斤。

**器具**

絹袋一只。　鉢一個。　小缸一只。

**製法**

將筍去籜。上鑊蒸之。甫透取出。傾入絹袋內。緊扎其口。投入醬油鉢中。

越夜撈起。再投甜醬壜內。二三日即就。食時切薄片。鮮嫩無比。

**注意**

此筍蒸時。不可過熟。亦不可過生。過生則有生氣。不適於口。過熟亦不相宜。從事者。能得其中斯可矣。

## 第十四節　醬凝脂

**材料**

石花菜一斤。　鹽半兩。　醬油一斤。　甜醬二斤。

**器具**

小缽一只。　小缸一只。

**製法**

將石花菜浸數日。洗去其脚。再用清水漂淨。然後入鍋燒之。微加以鹽。燒數滾。則菜化爲水。盛起冷之。凝結成塊。勝如豆腐。劃成小塊。先浸醬油缽內。旬餘取出。再投甜醬缸中。越三日可食。鮮美而輭。宜於老人。

**注意**

此菜燒時。愈爛愈佳。不然。便有殭塊。至其老嫩。一恃水之多寡爲率。

## 第十五節　醬鮮萓筍

**材料**

鮮萓筍五斤。　鹽六兩。　甜醬半斤。

**器具**

缸一只。　篩一只。

**製法**

將萓筍削去皮。用清水漂淨。然後醃鹽壓足。隔一夜撈起瀝乾。盛於篩以醬洒於其上。切斷食之。爽脆非常。

**注意**

醃時不可過鹹。過鹹則不鮮。且不可在日光中曬之。恐其輭而不脆耳。

## 第十六節　醬辣茄

**材料**

熟紅辣茄五斤。　醬油五斤。　甜醬五斤。

**器具**

罎一只。　缸一只。

**製法**

將辣茄去蒂。剖開再去其子。浸入醬油罎內。待透取出。再入甜醬缸中。近旬日卽可食。其味清爽可口。

## 第十七節　醬甜嫩薑

**材料**

小嫩生薑五斤。　甜醬六斤。

器具

小缸一只。　絹袋一只。

製法

將嫩薑洗淨。不必鹹醃。裝入絹袋之中。緊扎其口。浸入甜醬缸內。三月而就。其味無窮。

## 第十八節　醬潤瓜

材料

小嫩生瓜五斤。　鹽半斤。　原醬六斤。

器具

小壜一只。　小缸一只。

製法

將小嫩生瓜每條、簽孔。如甜瓜醃壓法。投入隔年新原醬內。對月帶醬納入小罎。晒之如乾。可加二白頭油。再晒至醬透。其瓜鬆脆異常。美不可言。

**注意**

此瓜何以必用隔年新原醬醬之。因過近之醬。恐其晒之未足。過陳之醬。恐晒過頭。其味不鮮。故以隔年新醬醬之。爲能得其中耳。

## 第十九節　醬紅蘿蔔

**材料**

紅蘿蔔十斤。　鹽一斤半。　次油一斤。　次醬二斤。

**器具**

小缸一只。　石一塊。

**製法**

將紅蘿蔔去皮。用鹽醃之。壓以重石。至明晨。撈起瀝乾。再醃日餘。以抽過次油襯底。稍加鹹湯。晒轉候用。醬時和以次醬。及微鹹。越半月卽可以食。其色鮮紅。其味甚佳。

**注意**

此物不能用甜醬醬之。蓋來春反而發黑故也。

## 第二十節　醬白蘿蔔

**材料**

白蘿蔔十斤。　鹽一斤半。　甜醬一斤。　次醬二斤。

**器具**

缸一只。　石一塊。

**製法**

將白蘿蔔去根蒂醃以鹽。少頃取石壓之。翌晨撈起瀝乾。再醃以鹽。越二三日。用次醬醬之。上以甜醬封面。至二十餘日。卽可以食。

**注意** 買蘿蔔時。必在冬季。若遇天氣冷凍。必致無用。蓋肉盡爲冰空也。從事者須温以礱糠。以防不測。

## 第二十一節 醬油佛手

**材料** 佛手一斤。 礬少許。 醬油三斤。 甜醬三斤。

**器具** 小缸一只。 小罎一只。 絹袋一只。

**製法** 將佛手切片。入鍋燒之。和以微礬。將爛撈起浸入清水。漂去苦味。轉投醬油。越一日。再裝絹袋。緊扎其口。放入甜醬缸內。旬餘可食。

**注意**

佛手苦味極重。若不用礬湯煎之。必難適口。

### 第二十二節　蝦子醬油

**材料**　醬油十斤。　大茴香三斤。　桂皮半兩。　蝦子十兩。　陳黃酒四兩。

**器具**　壜一只。

**製法**　將醬油倒入鍋中。和以香料。同煎至沸。以蝦子加入。再加陳黃酒。甫透為度。即撩起鍋盛好。味之鮮美。莫之與京。

### 第二十三節　辣虎醬

**材料**　辣茄五斤。　醬油二斤。

**器具**

小磨一具。 缽一只。

**製法**

將尖頭辣茄。剖去蒂子。切細和以醬油。入磨摔之。化作薄醬。向日晒透。便可以食。

## 第二十四節 醬毛荳

**材料**

毛荳十斤。 鹽二兩。 甜醬六斤。

**器具**

缸一只。 絹袋一只。

**製法**

將毛荳去殼。入鑊燒之極透。徹和以鹽。然後撈起。向日晒之。甫乾卽入絹袋內。投諸醬缸中。一日可食。其味甚佳。

### 第二十五節　醬乳腐

**材料**

黃荳一石。　白糯六斗。　鹽六十五斤。　黃子二十五斤。　紅粬二升。

陳酒二斤。

**器具**

缸一只。　筍籜若干。　皮紙若干。

**製法**

將腐坯。用鹽重重醃勻壓緊。越月上壜。以糯做成酒釀。榨出之露。和以黃子。及細紅粬。再入陳酒。乃將腐坯換壜。同露醃勻。迨滿。用鹽封口。翌晨加露。緊紮其口。然後卽熟。月餘可食。其味甚美。

## 第七章　燻貨

## 第一節　燻雞

**材料**　大雄雞一只。醬油六兩。陳酒四兩。鹽二兩。湖葱十根。菜油六兩。木屑一斤。小茴香末少許。

**器具**　銅鍋一只。炭爐一個。刀一把。大盆一只。大碗一只。燻架一個。缽一個。

**製法**　將雞殺就洗淨。去其毛腸。用刀切成兩塊。緊湯放入鍋中燒之。和葱三根。一透下酒。二透下鹽及醬油。三透後用文火燜之。爛熟撈起。置於燻架。然後將木屑和小茴香。燃火於缽或鍋內。使之發煙。便以燻架罩上。燻至雞徧黃爲佳。食時可以葱切細。和油入鍋爆之。迨透鏟於醬油器肉。以雞蘸之。其味無窮。

## 第二節　燻肉

**材料**　腿花肉一斤。　鹽二兩。　陳酒三兩。　醬油四兩。　木屑半斤。　小茴香末少許。

**器具**　銅鍋一只。　炭爐一只。　刀一把。　大盆一只。　缽一只。　燻架一只。

**製法**　將肉洗淨。不必切塊。入鍋緊湯燒之。待透下以酒。再透下以鹽。三透而鏟起。（燻肉不必過爛）切成薄片。平攤燻架之上。然後以木屑燃火。煙大發。架罩上。越時以肉翻身。使受烟均平。不致有枯焦等處。偏黃取下。便可以食。食時須以好醬油蘸之。

## 第三節　燻魚

**材料**　大靑魚二斤。　陳酒四兩。　醬油四兩。　鹽少許。　湖葱十根。　菜油一斤。　小茴香末少許。　木屑一斤。

**器具**　銅鍋一只。　炭爐一只。　大盆一只。　大碗一只。　缽一只。　燻架一只。　刀一把。

**製法**　將開片靑魚去鱗及腸。漂洗潔淨。用刀切成片片。同鹽及醬油酒葱等。淯於盆。越時。以油入鍋先燒透之。乃以魚片投入爆之。待透撈起。平鋪燻架。引火燃木屑。將魚架罩上燻之。時翻其身。使不枯焦。燻就。以葱切細。和以醬油。再用熱油澆之。以作蘸魚之用。

## 第四節 燻肚片

**材料** 猪肚子一只。陳酒四兩。鹽少許。葱五枝。菜油一兩。醬油一兩。木屑一斤。小茴香末少許。

**器具**

磁鍋一只。炭爐一只。大盆子一只。小盆子一只。燻缽一只。燻架一只。刀一把。

**製法**

將肚子翻轉。用刀刮去其穢膩。漂洗潔淨。和水放入鍋中燒之。待透下酒。再透下鹽。三透燜之便熟。撈起切開。再上燻架燃木屑燻之。越時翻身。徧黃爲佳。食時切絲。用葱油蘸之。（葱油製法詳前）味香而美。

## 第五節 燻腸臟

**材料**
猪腸臟一付。　陳酒十二兩。　青葱七枝。　油二兩。　醬油四兩。　木屑一斤。　小茴香末少許。

**器具**
鍋一只。　炭爐一只。　大盆子一只。　小盆子一只。　燻缽一只。　燻架一只。　刀一把。

**製法**
將臟翻轉。去其汚穢。漂洗潔淨。以小臟數條。同入大臟。然後入鍋和水燒透。下以黃酒。再燒至微爛。則下以鹽。三透燜之。便可撈起。將臟盤於燻架。然後燃木屑燻之。四面皆黃乃佳。用刀切成片片。蘸以葱油。食之非常鮮美。

## 第六節　燻蛋

**材料**

鴨蛋十枚。（或雞蛋亦可）醬油四兩。　木屑一斤。　小茴香末少許。

**器具**

鍋一只。　爐一只。　大盆一只。　小盆一只。　爊缽一只。　爊架一只。

細竹籤一根。

**製法**

將蛋洗淨。先入白水內燒一透。剝去其殼。徧身用竹籤扦以細眼。再入肉湯或雞湯內燒之一透撈起。上架爊之。徧黃爲佳。

## 第七節　爊牛肉

**材料**

黃牛肉一斤。　陳酒六兩。　醬油四兩。　白糖少許。　鹽少許。　葱十根。　油一兩。　木屑一斤。　小茴香末少許。

**器具**

鍋一只。爐一只。盆一只。燻缽一只。燻架一只。

**製法**

將牛肉洗淨。入鍋和微水燒之。一透下酒。同時和以醬油及鹽。再和以水。燜數透。起鍋下以白糖。切成薄片。平攤架上。以木屑燃火燻之。徧黃爲佳。食時用葱油醮之。其味之美。罕有倫比。

## 第八節 燻田雞

**材料**

青花大田雞二斤。陳酒四兩。醬油六兩。小茴香末少許。鹽少許。油一斤。葱十枝。木屑一斤。

**器具**

油鍋一只。炭爐一只。大洋盆一只。碗一只。燻缽一只。燻架一只。剪刀一把。

**製法** 將田雞去頭及皮。洗淨。然後瀝乾。再以元油葱酒等湑之。有頃。倒入油鍋中爆之。待透撈起。偏體成淡黃色。平攤燻架。然後再以細木屑燃火燻之。微入小茴香以引香味。燻透時。香氣襲人。病者開胃。取出置之磁缽。可作不備之需。食時以葱和油。煎成葱油。隨蘸隨食。美不可言。燻物中獨一無二良品也。

## 第九節　燻鰻

**材料** 海鰻一尾。陳酒四兩。醬油四兩。葱十枝。薑末少許。鹽二兩。

**製具** 炭爐一只。火夾一把。大洋盆一只。碗一只。匙一把。

**製法**

將海鰻去腸洗淨。用鹽醃於盆。少頃取出。盤火夾上。成袖籠狀。然後上炭爐燻之。以手時時旋轉。使不枯焦。隨燻隨澆以醬油黃酒葱薑等汁。俾有香而有味。待燻至徧黃。放入盆中。食時再用好醋蘸之。美難勝言。

## 第十節　燻猪舌頭

**材料**

豬舌頭三個。　陳酒四兩。　醬油四兩。　鹽少許。　葱三根。　菜油二兩。　木屑一斤。　小茴香末少許。

**器具**

油鍋一只。　炭爐一只。　洋盆一只。　燻缽一只。　燻架一只。　刀一把。

**製法**

將豬舌頭洗淨。入鍋和水燒之。（水不可多一碗足矣）一透下酒。再透下醬油及鹽。三透。燜之。便能成熟。撈起切片。平鋪燻架之上。然後燃火燻之。徧黃乃佳。食時再用葱油蘸之。更爲出色。（葱油製法詳前）

## 第十一節　燻腐干

**材料**

腐干二十塊。　肉湯一碗。　醬油四兩。　菜油一兩。　葱五枝。　木屑一斤。　小茴香末少許。

**器具**

油鍋一只。　爐一只。　盆一只。　燻缽一只。　燻架一只。　刀一把。

**製法**

將腐乾用刀劃入深三分之小方塊細痕。（否則不入味）。放肉湯內燒之。燒就撈起。平攤燻架。燃火燻之。刀痕內微注以煎就之葱油。燻至偏黃。便可以食。食時仍以葱油蘸之。其味更佳。

## 第十二節　燻百葉

**材料**

百葉二十張。　醬油六兩。　鹽少許。　葱油各少許。　木屑一斤。　小茴香末少許。

**製具**

鍋一只。　爐一只。　洋盆一只。　燻缽一只。　燻架一只。　刀一把。

**製法**

將百葉洗潔淨捲緊。用物壓扁。然後入鍋燒之。和以醬油及水。燒透取起。平鋪燻架。燃火燻之。偏黃取下。切成片片。放入盆中。和以葱油。食之非常清香。

## 第十三節　燻油麵筋

**材料**

油麵筋三十個。　醬油六兩。　葱油鹽各少許。　杉木屑一斤。　小茴香末少許。

**器具**

鍋一只。　爐一只。　盆一只。　燻缽一只。　燻架一只。

**製法**

將油麵筋入鍋燒透。微和水及醬油。燒熟撈起。瀝去其水。平攤燻架。燃火燻之時翻其身。燻就裝入盆中。食時再用葱油蘸之。其味無窮。

## 第十四節　燻蘿蔔

**材料**

太湖蘿蔔十斤。　鹽一斤。　陳黃酒半斤。　赤砂糖六兩。　花椒末茴香甘草末各少許。　栢木屑五斤。

**器具**
斗頭缸一只。　壜一只。　燻缽一只。　燻架一只。　石一塊。　刀一把。
竹籩一只。　箬箨三張。

**製法**
將蘿蔔洗淨切條。用鹽醃於缸中。以石壓緊。越四五日撈起瀝乾向日光中晒之微乾。平攤燻架。火燃燻之。燻就上壜。重重醃以香料用陳酒赤砂糖封面。再用箬箨緊扎其口。約一月有餘。可食。香不可當。

## 第十五節　燻簑衣蘿蔔

**材料**
白蘿蔔五斤。　鹽半斤。　白糖半斤。　木屑一斤。

**器具**
缸一只。　瓶一只。　燻架一只。　燻缽一只。　石一塊。　刀一把。

**製法** 將蘿蔔切好。用鹽醃於缸中。以石壓緊。越三日。掛於日中晒乾。徧攤燻架。以木屑燻之。燻就加糖。和入瓶中。然後再用赤砂糖封口。數日可食。

## 第十六節　燻青荳

**材料** 毛荳十斤。　鹽半斤。　木屑一斤。

**器具** 鍋一只。　篩一只。　燻缽一只。　磁缽一只。

**製法** 將毛荳入鍋燒透。和以鹽燒熟撈起。剝去其殼。盛於篩內。向日光中徵晒之。然後置於燻缽。燃火燻之。燻徧取下裝入磁缽內。可作不備之需。

# 第八章　糖貨

## 第一節　蜜橘皮

**材料**

大福橘一斤。　玉盆一斤。　桂花一兩。

**器具**

糖鍋一只。　炭爐一只。　快刀一把。　糖槳一把。　玻璃缾一個。

**製法**

將福橘之皮。在四面用刀豎劃六痕。然後將肉挖出。不可撕破其皮。挖就幷去其筋。入沸水內用礬撈之。以去苦水。撈起瀝乾。另生炭爐。用糖和水。（約一茶碗）及桂花等入鍋燒之。迨透。以橘皮倒入。用槳攪和。燒至糖能牽絲。便可裝入缾中。緊封其口。以備不時之需。

## 第二節　蜜薑

**材料**

嫩生薑一斤。　白糖一斤。　桂花一兩。

**器具**

糖鍋一只。　炭爐一只。　槳一把。　刀一把。　玻璃缾一只。

**製法**

將嫩薑去管洗淨。用刀切成薄片。入沸水內用手揑之。去其辣味。揑就撩起。然後將白糖桂花水等。（約一茶杯）入鍋燒透。以薑倒下。用槳攪和。再燒數透。糖至牽絲。乃連糖及薑。一同裝入缾內。款客時。可將薑用筷箝盛於西式小盆內。靈巧無比。

## 第三節　蜜金柑

**材料**

金柑一斤。　白糖一斤。　桂花一兩。

**器具**

糖鍋一只。　炭爐一只。　桀一把。　玻璃缾一只。　剪刀一把。　大洋盆一只。

**製法**

將金柑用翦刀。四面豎翦五路。或六路。在洋盆內用手扁之。則子及酸水均外出。然後再入糖鍋。如前法煎之。煎就一併裝於缾中。其味更佳。

## 第四節　蜜香橙

**材料**

香橙二斤。　玉盆糖二斤。　桂花二兩。

**器具**

糖鍋子一只。　小炭爐一只。　磁缽一個。　快翦刀一把。　糖桀一把。　大洋盆一只。

**製法**

將香橙以翦刀豎翦六痕。在洋盆內用手按扁。以去其酸水及子。然後再入沸水內先煎數透。悉去其酸。再倒入糖鍋內燒之。照前法。燒就盛於磁鉢。他日取食。甜香異常。

## 第五節　蜜洋梅

**材料**

洋梅二斤。　白糖一斤半。　桂花二兩。

**器具**

銅鍋一只。　炭爐一只。　洋缾一只。　柴一把。

**製法**

將洋梅入於沸水內撈之。以殺其蟲。然後再入糖鍋內煎之。與前同一手續。惟水須較稍多。煎須較嫩。蓋洋梅不能多煎。多煎恐其過爛故也。煎就亦入缾內。緊封其口。四時不壞。爲用甚便。

## 第六節　蜜桃子

**材料**　熟桃子一斤。　玉盆一斤。　桂花一兩半。

**器具**　糖鍋一只。　炭爐一只。　璃玻餅一只。　柴一把。

**製法**　將不壞之黃熟桃子。每隻剝去其皮。然後入鍋煎之。同蜜洋梅手續煎就。裝入玻璃餅內。緊扎其口。數年不壞。日後食之味美。

## 第七節　蜜枇杷

**材料**　大枇杷一斤。　玉盆一斤。　桂花二兩。

**器具**

糖鍋一只。　炭爐一只。　竹桊一把。　大玻璃缾一個。

**製法**

將白糖和水一茶杯。同桂花入鍋煎透。然後將枇杷去皮柄投於糖鍋內煎數透。待糖牽絲。一併裝入玻璃缾中。緊扎其口。四時可食。

## 第八節　蜜青梅

**材料**

大青梅一斤。　玉盆糖一斤。　桂花二兩。

**器具**

糖鍋一只。　炭爐一只。　大洋盆一只。　竹桊一把。

**製法**

將青梅先入沸水內煎數透。以去酸水。然後再入糖鍋中煎之。用水較製蜜枇杷稍多。至少須要三茶杯。待煎至牽絲時。亦可裝入大洋缾內。

緊封其口。食之若不甜。儘可加糖再煎之。

## 第九節　蜜櫻桃

**材料**　櫻桃一斤。　玉盆一斤。　白蜜半斤。　桂花二兩。

**器具**　糖鍋一只。　炭爐一只。　洋餅一只。　柴一把。

**製法**　將白糖和水一杯。同桂花先入鍋內煎透。即將櫻桃倒入糖鍋。煎至將及牽絲。裝入餅中。便可以食。

## 第十節　廣東芝酸

**材料**　芝酸一斤。　白糖一斤。　桂花二兩。

**器具**

鍋一只。　爐一只。　鉼一只。　桊一把。

**製法**

將白糖和水一杯。同桂花先入鍋中燒之。再將芝酸倒入鍋中。煎至待糖將及牽絲。然後裝鉼。即可以食。

## 第十一節　糖刀荳

**材料**

靑嫩刀荳一斤。　白糖一斤。　白蜜一斤。　桂花一兩。

**器具**

糖鍋一只。　炭爐一只。　大洋鉼一只。　桊一把。

**製法**

將刀荳洗淨。豎切薄片。以糖入鍋。先燒一透。（糖半斤水一碗）即將切就之刀荳倒下煎之。再煎數透。撈起吹乾。然後再加糖蜜煎之。煎至牽絲。撈起裝餅。便可以食。煎餘之糖。下次仍可用之。

## 第十二節　糖佛手

**材料**

黃蘿葍一斤。　糖一斤。　桂花二兩。

**器具**

糖鍋一只。　炭爐一只。　餅一只。　桊一把。

**製法**

將黃蘿葍洗淨。切成佛手形。入煎過糖內煎之。（如無須多備白糖一斤半）煎數次撈起。吹乾再煎。（第二煎過白糖不能用）待糖將及牽絲。取起裝餅。緊扎其口。食時如不甜。可再煎之。

## 第十三節　梨膏糖

**材料** 白糖一斤。 玫瑰醬二兩。

**器具** 鍋一只。 爐一只。 梨膏糖匣一只。 小脚刀一把。 槳一把。

**製法** 將白糖和水一碗。入鍋煎之。煎至牽絲。倒入匣內。糖面和以玫瑰。（桂花薄荷猪油等均可和入惟視喜食者之如何可耳）待其涼冷凝結。用刀劃痕。或正方。或狹長。均無不可。劃就便可以食。

## 第十四節 欔子糖

**材料** 白糖一斤。 桂花一兩。

**器具**

糖鍋一只。　炭爐一只。　油布一塊。　剪刀一把。　木盤一只。　槳一把。

製法

將白糖和水入鍋煎之。下以桂花。煎至牽絲。再煎三透。然後倒于油布之上。待其涼冷凝結。用手搓成長條。以剪剪之。塊塊如樓子。故名之曰樓子糖。

## 第十五節　芝蔴糖

材料

白芝蔴一升。　白糖一斤半。　玫瑰醬一兩。

器具

糖鍋一只。　炭爐一只。　木匣一只。　刀一把。　槳一把。

製法

將白芝蔴先行炒熟。置于木匣。再將玫瑰醬拌以白糖一兩。亦另置一器。然後再以白糖。和水入鍋煎之。待至牽絲時。倒入芝蔴匣中。用手扦之。拌均稱平。便卽捲轉。中包以白糖玫瑰之心。包就四面光滑。且用力以使之結實。再以刀切成薄片。俗名之曰芝蔴片。食之異常香脆。

## 第十六節　小米糖

**材料**

玉盆糖一斤。　小米一升半。　紅綠絲半兩。（卽對丁）交子肉胡桃肉各一兩。

**器具**

糖鍋一只。　炭爐一只。　木匣一只。　刀一把。　槳一把。

**製法**

將小米先行炒熟。置于木匣內。再將白糖入鍋煎之。煎至牽絲。倒入匣內拌和。用手稱平。糖面上再鋪以交子肉。胡桃肉。對丁等各香料。再將匣內糖倒出。平攤于板。用刀切成條條。再切成片。便可以食。其味異常香甜。

## 第十七節　牛皮糖

**材料**

白糖五斤。　眞粉半斤。　桂花二兩。

**器具**

糖鍋一只。　炭爐一只。　槳一把。　剪刀一把。　青石一塊。

**製法**

將白糖及桂花和水五碗。入鍋燒透。乃以眞粉預先用水浸酥倒下。以槳攪之。不可休息。燒約三點鐘之久。其糖老嫩適當。然後攪起攤于青石。待其涼冷。用手薄之。剪成長條。再入乾白糖內捲之。捲就另置一器。

便可食矣。

**注意**

牛皮糖做法極難。用眞粉不可過多。亦不可過少。過多則黏牙難食。過少則稀爛不堪。能適其中爲最妙。從事者苟於用粉過多時。須以另加白糖及水。再入他鍋燒透後。方可和入。如用粉過少時。則可再加浸酥眞粉亦妙。

## 第十八節　芝蔴捲

**材料**

玉盆白糖五斤。　眞粉半斤。　炒熟白芝蔴五升。

**器具**

糖鍋一只。　炭爐一只。　柴一把。　剪刀一把。　籩一只。

**製法**

將白糖同牛皮糖一樣燒法。須多燒半時。燒就擾起。入於芝蔴籩內。待其涼冷。用手拉薄。遍洒芝蔴。隨拉隨捲。勝如布疋。用剪剪成狹條。然後再以手捲好。成芝蔴捲。卽可以食矣。

## 第十九節　薄荷糖

**材料**

薄荷頭一斤。　玉盆糖三斤。

**器具**

糖鍋一只。　炭爐一只。　槳一把。　油布一塊。　大洋瓶一只。

**製法**

將白糖入鍋。和水一碗。燒數透。待其牽絲。卽將切細之薄荷葉倒下。然後再用槳擾之。取起攤於油布之上。待其吹乾。裝入大洋瓶內。後日取而食之。涼快非常。

## 第二十節　花生糖

**材料**　花生肉一斤。　玉盆糖一斤。

**器具**　銅鍋一只。　炭爐一只。　槳一把。　磁缽一只。　油布一塊。

**製法**　將白糖和水入鍋。燒至牽絲。以熟花生肉倒入。然後用槳擾之。數透隨即取起。攤於油布之上。待其吹乾。裝入磁瓶之內。食之甜脆無比。

## 第二十一節　糖茄子

**材料**　小嫩茄子一斤。　玉盆白糖一斤。　桂花二兩。

**器具**

銅鍋一只。炭爐一只。柴一把。竹筌一根。大洋瓶一只。

**製法**

將茄子洗淨。用筌偏刺眼。同糖和水。入鍋煎之。三透下以桂花。再煎數透。其糖牽絲。即可以裝入瓶內。如若不甜。可再加下白糖煎就亦佳也。

## 第二十二節　糖大蒜

**材料**

大蒜頭二斤。赤砂糖半斤。陳黃酒四兩。鹽六兩。

**器具**

小壜一只。小缸一只。筍攀三張。雷盆一只。

**製法**

將白蒜頭洗淨。用鹽先醃於缸。越四五日。取出上壜。然後用糖。重重砌勻。待壜滿。再加赤砂糖封口。下以陳酒。再用筍攀札好。坐於水雷盆內。

約一月餘。可以食矣。

## 第二十三節　木樨醬

**材料**　木樨花一斤。　玉盆糖一斤。　雙梅四兩。　明礬少許。

**器具**　大洋瓶一只。　大海碗一只。

**製法**　將木樨花揀淨去脚。先入礬湯內撈之。隨卽取起。然後裝入洋瓶。醃以白糖及雙梅。重重砌滿。川糖封而緊塞其口。約一月餘。卽可以取而食之。

## 第二十四節　玫瑰醬

**材料**

玫瑰花半斤。 潔白糖一斤。

**器具**

大洋瓶一只。 缽一只。 木棒鎚一個。

**製法**

將玫瑰花去蒂及柄。同糖入缽以鎚爛之。然後裝入大洋瓶中。緊扎其口。如蒸糕做糰。微和於心。香美難言。眞佳品也。

# 第九章 酒

## 第一節 黃酒

**材料**

糯米一石。 陳籼十斤。 新會皮半斤。 川椒四兩。

**器具**

大缸一只。 酒扒一個。 草蓋一個。 吊酒器全付。

**製法**

將白糯米先浸二日。漂淨瀝乾。然後上甑蒸之。極透傾出。飯場須打掃潔淨。洒些籠糠。將飯倒上。微冷卽可下缸。先將椒皮和水煎熟。狀如元酵。又將陳粬搗細。一同拌和入飯內。拌均稱平。中挖一潭。用蓋蓋好。倘若天氣冷暖。須要精心留意。冷恐漿凍。暖恐發酸。待三朝清晨開扒嘗味。鮮潔爲佳。每扒打二次。俟其退熱則不用。迨七八日則透。至百餘日。貯入搾袋。搾出之酒仍然倒入缸中。割去其脚。後入錫鍋煎之。當其沸時。愼看仔細。性頭上熱。卽裝入罎中。再用箏籜及油紙。固封其口。惟其罎須要泡透乃佳。用臘水更妙。

**注意**

煎酒爲做酒全部之大要件。煎得法。則壞酒亦可變成醴泉。煎不得法。則好酒亦等於酸湯。從事者能觀其性頭何如。以銳敏之眼光行適當之手段可矣。

## 第二節　垺飯

**材料**

上白糯米一石。　川椒二兩。　新會皮四兩。　酒藥一斤。　活河清水五担桶。

**器具**

大酒缸一只。　甑一只。　搾床全付。　缸架全付。

**製法**

將糯米先浸一日夜。撈起瀝乾。上甑蒸之極透。抬上缸架。用清水徐徐淋之。其回淋之水。以景況天時寒煖爲率。越日垺飯下缸後。再隔三日。加紬副水下。約一月餘。其坯卽透。上搾搾之。再和入椒藥。卽可成就。

## 第三節　泡米

**材料**

上白糯米一石。　酒藥十二兩。　川椒二兩。　上廣皮四兩。　細麵粬一斤。

**器具**

酒缸一只。　甑桶一對。　榨床全付。　搾酒袋全付。

**製法**

將白糯米先浸足二日。撈起用清水漂淨。然後瀝乾。上甑蒸之極透。四週回淋數次。倒入缸中。用手稱平。當中須挖一深潭。越旬餘日。加粬副水。其坯約一月餘。卽透。再利椒藥。卽可成熟。然後入袋搾出。煎透裝罎。緊扎其口。其味穠厚。其色深黃。飲之可口。今列出酒一覽表於次。

| | | | |
|---|---|---|---|
| 五桶頂庄 | 每石米出酒 | 二百五十斤 | 可包兩端陽 |
| 五桶半庄 | 每石米出酒 | 三百二十斤 | 包年內 |

六桶三庄　每石米出酒　三百四十斤　包八月

垀飯　每石米出酒　二百八十斤　包來年四月

泡米　每石米出酒　二百六十斤　包來年清明

全福　每石米出酒　三百斤　包對年

## 第四節　全福

**材料**

白糯米一石。　陳籼十斤。　川椒四兩。　福橘若干。　赤砂糖若干斤。

**器具**

缸一只。　壜若干。　吊酒器全付。　缸蓋一個。

**製法**

將糯米如大酒做法。只用正庄生酒多煎二滾。煎就後。每壜加以大福橘二只。赤砂糖二斤。裝壜後月餘可飲。穠厚味美非常。

## 第五節　白冬陽

**材料**
白糯米四斗。　酒藥十丸。

**器具**
缸一只。　壜若干。

**製法**
將糯米先浸一日。撈起瀝乾。再用清水冲去泥脚。極爲潔淨。然後上甑蒸之。迨透。以水淋數次。其飯倒入缸中。再將酒藥研細。拌均於飯內。稱平中挖一深潭。至三朝漿滿乃佳。微冲以水。即退其熱。再㬮二日。取出冷之。三日出酒。搾出之糟。再加副水配合觔兩。每擔出酒八桶。每桶四十五斤。

## 第六節　冬陽

**材料**

粞四斗。陳粬四斤。川椒二兩。廣皮四兩。

**器具**

缸一只。罈若干。榨全付。吊酒器全付。甑桶酒袋全付。

**製法**

將粞與白冬陽一樣做法。至十二日埣飯下缸。加粬陳皮川椒副水。一月之數。以榨榨之。榨時再加黃梔水。桂花露。大約每石出酒七桶。

## 第七節 假甜酒

**材料**

次洋糖三觔。雞蛋一枚。

**器具**

缸一只。瓶若干。

**製法** 將雞卵瀝白。下少許之水調和均勻。拌糖入鍋。再將冷水輕輕放下。不可冲浮。每斤用洋端三觔。燉滾撈去渣沫。再煎幾透。攪起涼冷。每高元九斤。加新會皮炒色桔露。

## 第八節　舒筋和絡藥酒

**材料** 高黃酒二十斤。冰糖一斤。威靈仙三兩。天仙籐兩半。伸筋草兩半。全當歸四兩。桑寄生三兩。絲瓜絡三兩。

**器具** 瓶一只。絹袋一只。

**製法** 右藥須選道地之品。一同裝入袋內。將袋再入紹壜之中。但黃酒在鍋煎。時即傾滿罎。用箏箍固封其口。再擋以泥。月餘可飲。飲之筋舒絡和。功效甚大。

## 第九節 泄濕袪風藥酒

**材料**

元黃酒三十斤。 白文冰一斤半。 白花蛇二兩。 羌獨活各二兩。

宣木瓜三兩。 漢防已三兩。 懷牛膝三兩。 五茄皮四兩。

**器具**

紹罎一只。 絲瓜絡一大條。

**製法**

將絲瓜絡剪去其心。縫成袋。右書各藥。裝入袋中。如前法做就。凡患風濕者。苟能每日飲三四兩。連飲半月。則其苦痛。未有不爽然若失。此余敢斷言者也。

## 第十節　溫養氣血藥酒

**材料**

元黃酒一罎。　白冰糖二斤。　大福橘一只。　虎頸骨兩半。　上肉桂五錢。　鹿角霜二兩。　當歸身四兩。　露黨參三兩。　大熟地半斤。　大紅棗半斤。

**器具**

大紹罎一只。　絹袋一只。

**製法**

將右書藥料。冰糖福橘等。如前法浸就。日飲四兩。或半斤亦可。則氣血虧耗者。可以旺盛。如氣血旺盛者。亦可以不致虧耗矣。異功奇效。一試可知。

## 第十一節　調和營衛藥酒

**材料**

元黃酒一紹壜。　白文冰二斤。　大福橘一只。　全當歸四兩。　川撫芎兩半。　藏紅花一兩。　川續斷三兩。　厚杜仲三兩。　東白芍兩半。　大熟地半斤。　大紅棗半斤。

**器具**

紹甑一只。　絹袋一只。

**製法**

將右藥數種。道地精選。同前手續。精做成就。每日飲二次。非維可以調和營衛。且全身之氣血。亦可以轉運。洵有裨身心之良品也。

**注意**

世之所謂藥酒者多矣。書之不竭。錄之不盡。要皆無裨於實病。右載四則。爲余確實試驗而有效者。特錄之。以供同病者之採擇。願世人勿河漢視之也。

## 第十二節　大糟燒

**材料** 大酒糟一百斤。　碧糠灰少許。

**器具** 紹壜若干。　缸一只。　吊酒器全付。

**製法** 將大酒糟踏結。用碧糠灰蓋之。候其性來。再加碧糠灰細摘鬆之。然後上甑。外套錫鍋吊之。大約百斤。出酒十色十七斤半之數。如欲吊二次。頭次不可吊枯。可將礱穀拌糟。其熱糟攤地上。俟微冷。仍入缸踏結。以泥封面。越六七日方可再吊。其合色高低列表於下。

貳酒一水申十五色　　三酒一水申三十三色

肆酒一水申二十五色　五酒一水申二十色
六酒一水申十六色　七酒一水申十四色
八酒一水申十二色　九酒一水申十一色
十酒一水申十色

## 第十三節　粞燒

**材料**

白粞一擔。　酒藥十二兩。　水二擔。　大缸一只。

**器具**

缸一只。　蓋一個。　壜若干。　扒一個。　籮一只。　吊酒器全付。

**製法**

將白粞淘浸。五日撈起。瀝乾上甑。蒸之及透。用清潔冷水淋飯。循環數次。倒入缸中。用藥研末。拌飯稱平。中挖一潭。以蓋蓋好。待翌晨冲下冷水。打扒和轉。越六七日。倒入鑊內。將糟均作三鍋吊之。每擔可出平酒七十四斤左右。

**注意**

淋飯冷暖。須以天時定之。用蓋亦然。如炎天則用木蓋擋泥。若寒天則用草蓋。所以均其溫度也。

## 第十四節　麥燒

**材料**

小麥一擔。　酒藥十二兩。　水四擔桶。

**器具**

缸一只。　壜若干。　吊酒器全付。　缸蓋一個。　棧一條。　籮一只。

**製法**

將小麥先浸一日。上甑蒸透。倒入缸中。以沸水冲下。剎將開花。撈起瀝乾。倒入麥棧。攤開涼冷。然後集堆一處。扒如長蛇。乃將酒藥研末拌和。仍舊攤平。用蓋蓋之。俟其性到。便入缸中。冷水冲入。蓋好擋泥。越六七日上甑吊之。大約每擔可出酒七十斤有奇。

## 第十五節 避除疫癘藥燒

**材料**

大糟一罎。 冰糖二斤。 公丁香三錢。 紫沉香五錢。 白檀香五錢。
紫降香七錢。 廣木香一兩。 廣藿香二兩。

**器具**

紹罎一只。

**製法**

將右開藥品。及冰糖等。先入罎內。待燒酒吊就。冲滿其罎。然後封口。旬日可飲。最宜夏季。

## 第十六節　芳香逐穢藥燒

**材料** 大糟一壜。冰糖一斤半。紫川朴一兩。廣藿香三兩。甜新會二兩。佩蘭葉兩半。薏米仁三兩。白蔻仁二兩。

**器具** 壜一只。

**製法** 將右書各藥料照方配就。同前手續。精細做就。而於夏季按日飲之。非維穢邪可逐。且一切疫癘亦末由傳染吾身也。

# 第十章　菓

## 第一節　醬荳

**材料**

蠶荳一斤。白糖二兩。原醬二兩。菜油半斤。

**器具**

鍋一只。爐一只。缽一只。磁缽一只。

**製法**

將荳先浸一夜。撈起去芽吹乾。倒入熱油鍋內煎之。迨透取起。和以白糖。及原醬入鍋再炒。少刻鏟起。裝於磁缽之中。食之鬆脆異常。

## 第二節　蘭花荳

**材料**

蠶荳一斤。菜油一斤。細鹽一兩。

**器具**

鍋一只。爐一只。缽一只。鐵絲籃一只。剪刀一把。磁缽一只。

**製法**

將荳浸一夜。明晨撈起。吹之微乾。乃以荳向剪刀剪成四花。其切法自芽部切下。共分二刀。一橫一豎。卽可切斷。切就以一撮之荳。倒入熱油鍋中煎之。甫透。其瓣分開。頗如蘭花。然後撈起。依次遞煎。裝入磁鉢。食時可稍下以飛鹽。則其味更美。

## 第三節 發芽荳

**材料**

蠶荳二升。

**器具**

鍋一只。 爐一只。 蒲包一只。 籩一只。 鉢一只。 水草若干。

**製法**

將蒲包浸濕。以荳放入。再用水草封面。時灑以水。待其出芽。取出曬乾。然後入鍋炒之。不可停手。偏黃卽熟。盛於磁鉢。不時可食。香脆無窮。

## 第四節　油荳瓣

**材料**

蠶荳一斤。　菜油一斤。　飛鹽一兩。

**器具**

鍋一只。　爐一只。　缽一只。　磁缽一只。

**製法**

將荳先浸一夜。淸晨撈起。剝去其皮。吹之微乾。卽入油鍋中煎之。煎透取出。置於磁缽。食時再以飛鹽和之。尤覺適口。

## 第五節　牛皮荳

**材料**

蠶荳一斤。　食鹽四兩。　大小茴香料皮各少許。

**器具**

鍋一只。　爐一只。　海碗一只。

**製法**

將荳入鍋。和以一碗之水。及鹽香料等。燒數透。待其水將乾未乾之時。即行盛起。否則食時其皮不易去也。

## 第六節　鹽水荳

**材料**

蠶荳一斤。　雪裏紅鹽水一海碗。　大小茴料皮各少許。

**器具**

鍋一只。　爐一只。　海碗一只。

**製法**

將荳入鍋。和以鹽水。及各種香料。用火燒之。數透便就。(其燒法與牛皮荳同)

第七節　白花荳

**材料**
蠶荳一斤。　食鹽二兩。

**器具**
鍋一只。　爐一只。　磁缽一只。

**製法**
將荳入鍋先炒。不可停手。炒至爆發。微下以鹽。即行盛起。裝入磁缽。然後可食。

第八節　鹽油荳

**材料**
蠶荳一斤。　鹽二兩。　菜油二兩。

**器具**

鍋一只。 爐一只。 缽一只。

**製法**

將荳入鍋先炒。同白花荳一樣手續。炒至熟時。將鹽倒入。再下以油。炒勻之。即鏟起。放入磁缽。食之異常香脆。

## 第九節　燜酥荳

**材料**

蠶荳一斤。 醬油四兩。 蔴油少許。

**器具**

鍋一只。 爐一只。 海碗一只。 盆一只。

**製法**

將荳入鍋。和水二碗。燒數透。以爛爲佳。燒就用醬蔴油蘸之。鮮美無比。

## 第十節　鹹水炒西瓜子

**材料**

西瓜子一斤。　鹽水少許。

**器具**

鍋一只。　爐一只。　錫罐一只。

**製法**

將西瓜子淘淨晒乾。入鍋炒之。炒時不可停手。恐其枯焦。炒至爆時。下以鹽水。再炒二轉。便可盛於錫罐頭內。待冷封口。不時食之。其味頗佳。

## 第十一節　玫瑰水炒西瓜子

**材料**

西瓜子一斤。　玫瑰油三錢。

**器具**

鍋一只。　爐一只。　錫罐頭一個。

**製法**

將西瓜子淘揀潔淨。入鍋炒之。須燒文火。燒時用鏟急炒。不可停手。恐其枯焦。炒至爆後。便即成熟。鏟起盛於錫罐。再以玫瑰油倒下。緊封其口。用手搖之。使油均勻。然後取而食之。香不可當。

## 第十二節　炒白眼菓

**材料**

白眼菓一斤。　水一茶杯。

**器具**

鍋一只。　爐一只。　錫罐一只。

**製法**

將白眼菓和水。先倒入鍋。然後燒之。燒至水乾。用鏟炒之。不可停手。待其爆發。便即盛起。裝入錫罐。候冷可食。

## 第十三節　炒向日葵

**材料**　向日葵一升。

**器具**　鍋一只。　爐一只。　錫罐一只。

**製法**　將向日葵。晒乾揀淨。然後入鍋炒之。燒以文火。炒至熟時。不可停手。待其爆發。便可鏟起。裝於錫罐之中。不時可食。（如南瓜梧桐等子炒法均同故略之）

## 第十四節　糖炒栗子

**材料**　栗子五斤。　淨糖三兩。　砂七斤。

**器具**

鑊一只。　爐一只。　大鏟一把。

**製法**

將栗子揀別大小。放於一處。（每鑊栗子之大小必須相等）俟砂炒熱。同淨糖一齊倒入。用鏟攪之。不可停手。待其爆發有二三顆以上者。便即鏟起。乘熱食之。甜香異常。

**注意**

炒栗子時。火力不可過猛。亦不可過弱。過猛則殼已焦而肉未熟。過弱則色未熟而肉已乾。且不可大小夾雜。致生熟不均之虞也。

## 第十五節　鹽緊荳

**材料**

烏荳一斤。　鹽二兩。　各香料少許。

器具
鍋一只。爐一只。磁缽一只。
製法
將烏荳洗淨入鍋。和以鹽水。燒數透。其水將乾。即鏟起。盛於磁缽。作喫稀飯時之菜。最爲適宜。

## 第十六節　炒發荳

材料
黃荳二斤。食鹽一兩。砂一斤。
器具
鍋一只。爐一只。籩一只。磁缽一只。
製法
將黃荳先浸一夜。明日清晨撈起。以籩吹乾。然後將砂入鍋炒熱。乃以黃荳一同倒下。用鏟炒擾。不可停手。觀其色黃而熟。卽鏟起。然後用篩篩去其砂。再以濃鹽湯洒之。裝入磁鉢之內。食之其味甚美。罕與倫比。

## 第十七節　炒玉蜀黍

**材料**

玉蜀黍子一斤。

**器具**

鍋一只。　爐一只。　柴帚一把。　磁鉢一只。

**製法**

將老玉蜀黍子。入鍋燒之。微用柴帚炒擾。待其開花爆發。則將鍋蓋蓋好一半。盡力將柴帚炒擾。使其全行開花。炒就鏟起。裝於磁鉢。食之其味甚佳。以餉小兒尤宜。

## 第十八節　炒醮鹽杏仁

**材料**
甜杏仁一斤。　食鹽一兩。　砂一斤。

**器具**
鍋一只。　爐一只。　錫罐一只。

**製法**
將砂入鍋。先行炒熱。後然再將杏仁入鍋炒之。不可停手。炒至色將微黃而熟。便可鏟起。篩去其砂。再用極濃鹽湯洒之。有頃杏仁身呈白霜。食之味滷而香。洵佳品也。（炒蘸鹽果肉其法均同）

## 第十九節　油煎菓肉

**材料**
花生肉一斤。　油一斤。　飛鹽二兩。

**器具**

鍋一只。　爐一只。　鐵絲籃一只。　磁缽一只。

**製法**

將花生肉入油鍋內煎之。數透浮起。便卽成熟。撈起盛於缽中。食時再洒以細鹽。味香而鬆。（油煎黃荳法亦同）

家庭食譜終

書名：家庭食譜
系列：心一堂・飲食文化經典文庫
原著：【民國】李公耳
主編・責任編輯：陳劍聰

出版：心一堂有限公司
地址/門市：香港九龍尖沙咀東麼地道六十三號好時中心LG六十一室
電話號碼：+852-6715-0840　+852-3466-1112
網址：www.sunyata.cc　publish.sunyata.cc
電郵：sunyatabook@gmail.com
心一堂 讀者論壇：　http://bbs.sunyata.cc
網上書店：　　　　http://book.sunyata.cc

香港及海外發行：香港聯合書刊物流有限公司
地址：香港新界大埔汀麗路三十六號中華商務印刷大廈三樓
電話號碼：+852-2150-2100
傳真號碼：+852-2407-3062
電郵：info@suplogistics.com.hk

台灣發行：秀威資訊科技股份有限公司
地址：台灣台北市內湖區瑞光路七十六巷六十五號一樓
電話號碼：+886-2-2796-3638
傳真號碼：+886-2-2796-1377
網絡書店：www.bodbooks.com.tw
台灣讀者服務中心：國家書店
地址：台灣台北市中山區松江路二〇九號一樓
電話號碼：+886-2-2518-0207
傳真號碼：+886-2-2518-0778
網絡網址：http://www.govbooks.com.tw/

中國大陸發行・零售：心一堂
深圳地址：中國深圳羅湖立新路六號東門博雅負一層零零八號
電話號碼：+86-755-8222-4934
北京流通處：中國北京東城區雍和宮大街四十號
心一店淘寶網：http://sunyatacc.taobao.com/

版次：二零一四年十二月初版，平裝

定價：
港幣　八十八元正
人民幣　八十八元正
新台幣　三百四十元正

國際書號 ISBN 978-988-8316-16-8